Flash CS4 动画设计基础与实例

黄水生　张小华　编著

中国建筑工业出版社

图书在版编目（CIP）数据

Flash CS4动画设计基础与实例 / 黄水生，张小华编著.—北京：中国建筑工业出版社，2011.3
ISBN 978-7-112-13054-2

Ⅰ.①F… Ⅱ.①黄… ②张… Ⅲ.①动画—设计—图形软件，Flash CS4 Ⅳ.①TP391.41

中国版本图书馆CIP数据核字（2011）第043915号

责任编辑：张莉英 彭 放
责任设计：陈 旭
责任校对：陈晶晶 关 健

Flash CS4 动画设计基础与实例
黄水生 张小华 编著
*
中国建筑工业出版社出版、发行（北京西郊百万庄）
各地新华书店、建筑书店经销
北京京点设计公司制版
廊坊市海涛印刷有限公司印刷
*
开本：787×1092 毫米 1/16 印张：10¼ 字数：225 千字
2011 年 7 月第一版 2014 年 5 月第二次印刷
定价：60.00 元（含光盘）
ISBN 978-7-112-13054-2
(20458)

Content profile 内容简介

《Flash CS4 动画设计基础与实例》由浅入深地介绍了 Adobe 公司最新推出的动画制作软件——中文版 Flash CS4。书中详细地讲述了 Flash CS4 的操作方法和动画制作技巧，是一本理论与实践相结合的基础教程。

全书共分 11 章，分别介绍了 Flash CS4 的基础知识、图形绘制与编辑的基本操作、动画设计初步、元件与库的应用、遮罩与引导动画的制作、骨骼动画的制作、音频与视频文件的使用、动画基本交互功能的实现、Flash 动画的测试与发布、动画设计综合应用实例、Flash 影视动画创作简介等。本书从实用的角度出发，用丰富的案例、生动的图示详细地介绍了 Flash CS4 的基本功能与使用技巧，在基础知识的介绍中注重实际应用，以便快速地引导读者入门，达到学以致用的目的。

本书附赠光盘一张，其内容有多媒体课件《动画设计基础》、书中案例的制作源文件、影片文件及素材，以方便读者学习与借鉴。其中，多媒体课件《动画设计基础》为 2009 年教育部举办的"第九届全国多媒体课件大赛"二等奖作品。该课件可作为教师课堂授课与演示的辅助教材、学生自学与实操的参考对象，具有很强的实用性。

本书内容丰富，结构清晰，案例典型，语言简练，图文并茂，是一本关于 Flash 动画设计入门与进阶的基础教程，特别适合初中级的学习对象，可作为高等学校本专科学生的教材和相关培训班教材，也可以作为广大 Flash 爱好者、网站和课件设计人员的参考书。

Preface 前　言

本书为配合2009年教育部“第九届全国多媒体课件大赛”二等奖作品《动画设计基础》（见本书光盘）而编写的一本关于Flash CS4动画设计入门与进阶的基础教程。全书以通俗易懂的语言、翔实生动的案例，全面地介绍了当今世界热门的网络多媒体制作工具——中文版Flash CS4的操作方法和动画制作技巧。

《Flash CS4动画设计基础与实例》共分11章，主要内容如下：

第1章：Flash CS4的基础知识，包括Flash CS4的工作界面及其基本的操作方法；

第2章：Flash CS4的绘图工具和编辑工具的使用方法；

第3章：动画设计制作初步；

第4章：元件与库的基本概念及其使用方法；

第5章：遮罩动画和引导动画的基本概念与制作；

第6章：骨骼动画的基本概念与制作；

第7章：音频与视频文件的使用；

第8章：ActionScript脚本语言的基础知识，利用脚本语言制作常用的交互动画；

第9章：Flash动画的测试、发布及影片导出的操作方法；

第10章：Flash动画的综合应用实例及制作方法；

第11章：利用Flash开发商业影视动画《雪人记》的创作简介。

本书从实用的角度出发，用丰富的案例、生动的图解详细地介绍了Flash CS4的基本功能。为了使读者能够快速地掌握Flash CS4软件的使用方法，本书注重知识点的内在规律和读者的学习心态，紧密结合便于自学的特点，遵循由浅入深、循序渐进的创作思想，突出实例制作、情景式教学，引导读者从基础开始，轻松上手、快速进阶。本书有多达近百个教学实例，紧扣知识要点，设计独特，制作精美，短小精悍，效果出众，确保读者在学习动画相关理论和实践动画设计制作的同时，得到美的熏陶和艺术享受，从而激发读者的学习兴趣，提升学习效果。

本书附多媒体教学光盘一张，其内容包括多媒体课件《动画设计基础》和书盘配套的源文件、影片文件与素材，以方便读者学习使用。获奖课件《动画设计基础》内容翔实、界面美观、教学功能强大。书盘结合，互动教学，相映生辉，具有强大的立体化教学功能。该光盘可作为教师课堂授课与演示、学生自学与实操的辅助教材，具有较强的学习指导作用。

需要说明的是《动画设计基础》多媒体课件的创作先于 Flash CS4 的推出，其创作脚本语言为 ActionScript 2.0，读者通过书和光盘的对照学习，可获得关于 ActionScript 3.0 更为深刻的学习效果。

本书作者是教育部教育管理信息中心授权的 ITAT(Information Technology Application Training) 培训教师，有着多年的高校 Flash 教学和多媒体课件设计制作经验。在案例设计和教学内容的组织方面有自己独到的风格，作者善于将软件功能与动画效果巧妙地结合，使读者在实操过程中能够深刻地领悟到教学要点，从而体会到 Flash 软件创作的乐趣。

本书内容丰富、结构清晰、实例典型、讲解详尽，在风格上追求言简意赅、图文并茂、通俗易懂，具有很强的实用性和可操作性。本书可作为大中专院校、职业院校及社会各类培训学校有关专业或通识类课程的教材，也可作为广大初中级用户、动画和网页设计人员的参考书。

本书由黄水生、张小华主编，黄青蓝、唐连章、许亚武、龙晓莉、宋文等参编。由于作者水平有限，不足之处在所难免，恳请广大读者提出宝贵的意见。

2011 年 1 月于广州大学城

Contents 目 录

第 7 章　音频和视频文件的使用

第 8 章　动画基本交互功能的实现

第 9 章　Flash 动画的发布

第 10 章　动画设计综合应用实例

第 11 章　Flash 在影视作品中的应用

参考文献

附录：光盘目录

第 1 章 动画制作基础 Chapter One

1.1 动画设计概述

动画设计以人类视觉的原理为基础，如果你快速地查看着一系列相关的静态图像，那么你会感觉到这是一个连续的运动。这其中每一张单独图像称之为帧。因此，动画是一组连续的相关绘画。传统的动画需要绘制出动画序列中动作变化的每一张图像，如图 1-1 所示，而这每一张都和它前面的图像有少许的差别，将这些单幅图像按时间顺序连续播放，形成了小鸟飞翔的动作。20 世纪 80 年代中国儿童动画片《葫芦娃》、《黑猫警长》等以及早期的迪士尼动画片都是这样制作完成的。精彩的动画带给人们极佳的视觉美感和艺术享受。

图 1-1 小鸟飞动画的一组连续图像

现在的动画影片通常结合了平面绘画与三维软件制作，构成了我们常说的二维动画，代表作有《失落的帝国——亚特兰蒂斯》等。

还有一种纯三维动画影片，它不是通过手工绘图的方式，而是借助于三维软件建模、附材质、灯光、渲染等方式制作的，这类动画不仅可以模拟出逼真的场景和人物，还可以创作出夸张的风格效果。这类影片的创作空间比较大，如电影《阿凡达》等。

上述影片的制作需要耗费大量的人力、物力、财力和时间，而 Flash 动画则走了一条与之截然相反的动画制作捷径。本书将基于 Adobe 公司旗下的著名 Flash CS4 软件平台介绍动画的基本制作。

Flash CS4 是著名影像处理软件公司 Adobe 收购 Macromedia 公司后最新推出的网页动态制作工具，其前身是一款叫做“Future Splash”的矢量动画插件，它的成长经历了 Flash 4、Flash 5、Flash MX、Flash MX 2004、Flash 8 和 Flash CS3 等多个版本。

1.2 Flash 动画的主要特点

Flash 凭借其自身诸多的优点，在多媒体课件开发、动态效果网页、网络广告以及游戏制作等领域得到了广泛的应用，是目前最为流行的二维动画制作软件之一。其主要特点如下：

1. 具有强大的绘图功能：Flash 既是制作动画的高效平台，又是绘制图形的有力工具。

2. 文件容量小：Flash 绘制的图形为矢量图形。它用数学函数来记录图形中的线条、色彩、尺寸和坐标等属性，其描述由指令实现，因此，文件容量远远小于位图文件。

3. 较易于自动生成动画，可发挥性强：Flash 不同于传统的影视动画，它可自动生成动画过程，从而减少了传统动画制作过程中需要花费的大量人力、物力和财力。

4. 图像放大和缩小时不受损失：Flash 以矢量形式处理图像，即便放大也不会出现图形的失真。

5. 互动性强：Flash 可为 Internet 用户提供互动服务，易于利用按钮、鼠标等实现交互功能。

6. 动画制作费用低廉、效率高：Flash 软件学习简单，入门快捷，易于掌握，使用 Flash 制作动画在减少大量人力、物力、资源消耗的同时，也极大地缩短了制作时间。

7. Flash 动画具有强大的网络传播功能：由于 Flash 制作的动画是矢量图形，因此其网络传播速度远远高于其他动画文件，几乎所有的浏览器都支持 Flash Player 文件。

Flash 在多媒体产品设计、网络动画设计、课件制作等方面显示出其强大的生命力。利用 Flash 可创作出清新、超现实、赏心悦目的动画作品，其应用日趋广泛，是当今最为流行的动画制作软件之一。

1.3 Flash CS4 的操作界面

Flash CS4 比起 Flash CS3 及以前的版本有了很大的改进，其软件界面有六种布局，使用者可根据自己的喜好选择不同的界面。图 1-2 是 Flash CS4【基本功能】布局操作界面。点击屏幕上方 **基本功能 ▾** 区，可以快速地选择另外五种布局【动画】、【传统】、【调试】、【设计人员】、【开发人员】中的一种。对于习惯使用 Flash 早期版本的用户可选择【传统】界面。

1.3.1 菜单栏

Flash CS4 菜单栏由 11 项主菜单组成（图 1-3），每项主菜单下面都包含一组下拉子菜单，当子菜单命令后面标有黑三角符号▸时，表示该命令后面还有级联菜单；当子菜单命令后面标有省略符号 …… 时，表示执行该菜单命令会打开一个对话框；当子菜单命令后标有快捷键时，表示该命令也可以通过所标识的快捷键来执行。这些菜单项涵盖了 Flash 的大部分操作命令。

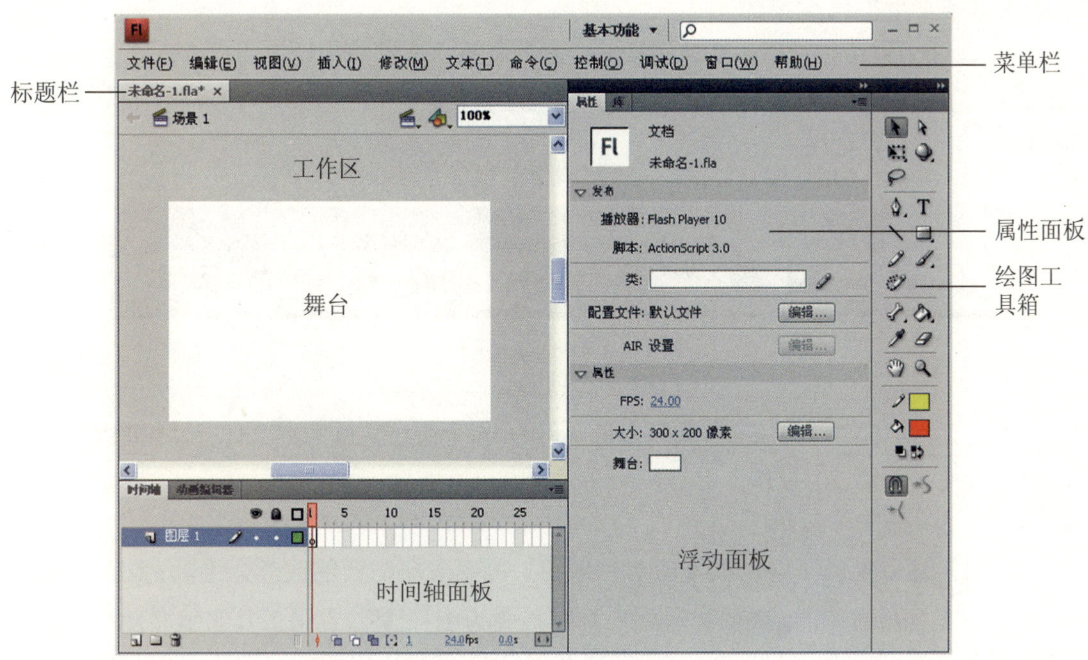

图 1-2　Flash CS4 的【基本功能】布局界面

文件(F)　编辑(E)　视图(V)　插入(I)　修改(M)　文本(T)　命令(C)　控制(O)　调试(D)　窗口(W)　帮助(H)

图 1-3　主菜单栏

【文件】菜单用于文件操作，其作用包括文件处理、参数设置、输入和输出文件、发布、打印等。选择其中的【新建】、【打开】、【保存文件】命令的文件名后缀通常为“.fla”。

【编辑】菜单用于动画内容、时间轴的编辑操作，如复制、粘贴、查找和替换等，也可以设置常用的快捷键。

【视图】菜单主要用于对开发环境进行外观和版式的设置，以控制屏幕的各种显示效果，例如放大、缩小视图、添加标尺、网格、辅助线等。

【插入】菜单用于有关插入的操作，如新建元件、插入图层、插入关键帧及插入场景等。

【修改】菜单用于修改动画中对象的特性，如修改位图、元件、变形、排列、对齐等。

【文本】菜单用于对文本属性和样式进行设置，如字体、字号、检查拼写等。

【命令】菜单用于对命令进行管理。

【控制】菜单用于对动画进行播放、控制、测试等操作。

【调试】菜单用于对动画进行调试。

【窗口】菜单用于打开各种对话框和窗口，如库、动作、行为、颜色、变形、对齐等。

【帮助】菜单提供了 Flash CS4 的帮助信息、参考资料、范例教程以及网上技术支持等。

1.3.2 主工具栏

Flash 为方便用户，将一些使用频率较高的菜单命令以图形按钮的形式集成在一起，组成了主工具栏，通过选择菜单【窗口】→【工具栏】→【主工具栏】命令，即可显示或隐藏主工具栏，如图 1-4 所示。

图 1-4　主工具栏

主工具栏中提供了在 Flash 编辑中最常用的 16 个命令，单击主工具栏按钮即可快速地执行该按钮所代表的操作。

1.3.3 绘图工具箱

绘图工具箱集成了绘制矢量图形和编辑一般图形所需要的大部分工具，多达 30 余种。单击工具箱右侧的图标可将工具箱折叠为图标；点击工具箱缩略图标，又可展开工具箱面板（图 1-5）。本书将在第 2 章详细介绍各种绘图工具的用法及其属性。绘图工具箱中各种工具的类型、显示的图标、快捷键、工具名称及主要功能见表 1-1。

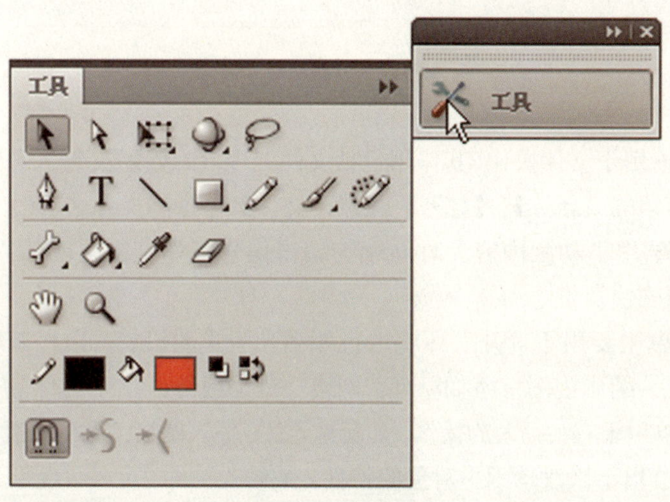

图 1-5　绘图工具箱

1.3.4 时间轴面板

“时间轴”面板用于组织和控制影片内容在一定时间内播放的层数、帧数以及播放的顺序，由“图层编辑区”、“帧编辑区”组成（图 1-6）。一个动画场景可以有多个图层，每个图层可有多个帧，而动画的演示则是按照帧的顺序从前向后顺序播放的。

表1-1 绘图工具箱中主要工具及其功能一览表

类型	图标	快捷键	名 称	主 要 功 能
图线绘制工具		N	线条工具	用于绘制直线段
		Y	铅笔工具	用于绘制自由线条和形状
		P	钢笔工具	用于绘制精确的路径
		=	添加锚点工具	用于在路径上增加锚点
		-	删除锚点工具	用于删除路径上不需要的锚点
		C	转换锚点工具	用于将不带方向线的转角点转换为带有独立方向线的转角点
图形绘制工具		R	矩形工具	用于绘制矩形和正方形
		O	椭圆工具	用于绘制椭圆和正圆
			多角星形工具	用于绘制多边形和星形
		R	基本矩形工具	用于绘制矩形图元对象（图元对象是允许“属性”面板中调整其特征的图形形状）
		O	基本椭圆工具	用于绘制椭圆图元对象
		B	刷子工具	用于刷子笔触创建特殊效果，如书法效果等
		U	Deco工具	用于创建万花筒效果
图形编辑工具		V	选择工具	用于选择工作区中的对象
		A	部分选择工具	用于移动对象上的锚点位置
		L	套索工具	用于在对象周围创建自有形状的选取框
		E	橡皮擦工具	用于擦除可删除的笔触和填充色
		Q	任意变形工具	用于对象缩放、旋转等变形处理
涂色工具		S	墨水瓶工具	用于更改线条或者轮廓的颜色、宽度和样式
		K	颜料桶工具	用于对封闭区域填充颜色
		F	渐变变形工具	用于调整填充颜色或位图产生变形
		I	滴管工具	用于提取对象的填充颜色
		B	喷涂刷工具	用于将形状图案“刷”到舞台上，以创建出复杂的几何图案
3D转换工具		W	3D旋转工具	用于沿影片剪辑实例的3D方向（x、y、z轴）旋转影片剪辑实例
		G	3D平移工具	用于沿影片剪辑实例的3D方向（x、y、z轴）移动影片剪辑实例
反向运动工具		X	骨骼工具	用于向元件实例和形状添加骨骼效果
		Z	绑定工具	用于调整形状对象的各个骨骼和控制点之间的关系
文本工具	T	T	文本工具	用于添加和编辑文本内容

续表

类型	图标	快捷键	名称	主要功能
绘图模式			合并绘制模式	当多个图形重叠时，自动合并
			对象绘制模式	绘制独立其他图形的对象
查看			手形工具	用于在不更改缩放比率的情况下最大利用舞台视图
			缩放工具	用于放大或缩小舞台中的元素
颜色设置			笔触颜色	用于设置图形的轮廓颜色
			填充颜色	用于设置封闭图形的填充颜色
			黑白	将颜色恢复为默认颜色（白色填充和黑色笔触）
			交换颜色	用于交换填充和笔触的颜色

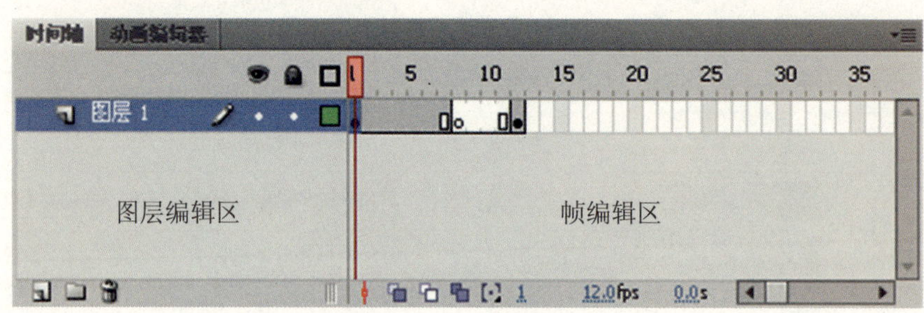

图 1-6　时间轴窗口

1.“帧编辑区”由播放头、帧、时间轴标尺以及下面的状态栏等组成。

“帧”是动画制作的基本单元，Flash 动画由每一帧的内容从左到右连续播放构成，一帧就相当于电影胶片中的一格。每一帧对应的时间轴标尺的数字是该帧的编号。

“帧编辑区”中的红色竖线是播放头，播放头所在的帧就是当前所编辑的帧（如图 1-6 中的第 1 帧）。

若舞台上有图形则显示为表示满帧，没有图形则显示为表示空白帧；鼠标右击选中的帧可打开菜单对帧进行编辑；按下功能键F6为插入关键帧、F7为插入空白帧、F5为延续前面关键帧的内容，表示为普通帧，普通帧是不能进行编辑的。

在时间轴的左下角有“帧居中”按钮，无论当前时间线窗口显示的是哪个时间段，单击该按钮后立刻显示播放头所在的帧，并将该帧置于时间线窗口居中的位置；

“绘图纸外观”按钮，表示同时显示多帧。单击该按钮后，将在时间轴标题上出现一个范围，并在舞台上出现该范围内对象的半透明移动轨迹，用于参照其相邻的帧来编辑图形，如图 1-7 所示；

“绘图纸外观轮廓”按钮类似于“绘图纸外观”，它不直接显示半透明移动轨迹，而是显示轮廓的移动轨迹。选择该按钮可清晰地显示对象的运动轨迹，该状态下除播放头所在的帧可以编辑之外，其他轮廓（帧）均不能编辑。

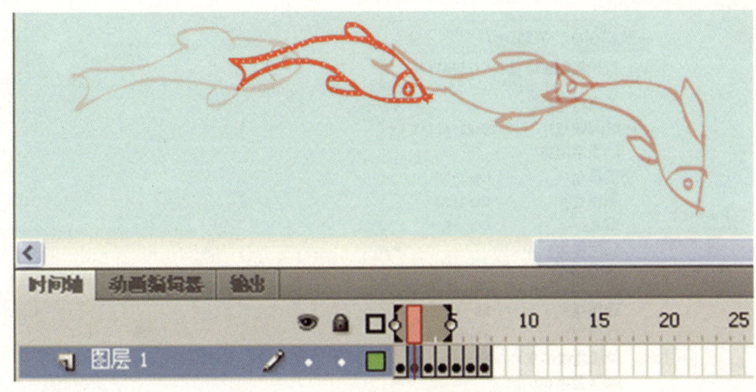

图 1-7 “绘图纸外观”的使用

“编辑多个帧” 按钮，表示可同时编辑在舞台上显示的多个关键帧。

“修改绘图纸标记” 按钮，单击该按钮会显示一个菜单，用来选择显示 2 帧、5 帧或全部帧等。

时间轴的右下角为状态栏，用于显示当前帧的编号及当前动画设置的帧速率、运行时间等。

点击时间轴标尺的最右上端的图标可设置帧视图的外观选项。

2.“图层编辑区”以图层形式分层管理图形对象以便于制作动画，当两层叠在一起时，下层的图形有可能会被上层的图形所遮挡（如果上下层的图形对应有重叠）。同一图层中只能允许一个运动元素，且只能是一种运动形式，因此需将运动方式不同的元素放在不同的层中。

进入 Flash 操作界面时，系统会自动生成“图层 1”，其上面的三个小图标依次为设置图层的“显示”、“锁定”和“将所有图层显示为轮廓”；左下角的小图标依次为“新建图层”、“新建文件夹”及“删除”图层操作；鼠标点击图层名并上下拖动可更改图层的顺序；鼠标双击图层名可更改图层的名称、双击图层名前面的图标可弹出“图层属性”对话框等。

1.3.5 动画编辑器

“动画编辑器”是 Flash CS4 新增的功能，与时间轴面板共用一个面板组。主要用于补间动画中对每个关键帧的参数（旋转、大小、缩放、位置、滤镜等）进行完全单独的控制和编辑。

1.3.6 舞台、工作区与场景

“舞台”是动画编辑区域（图 1-2 中间的白色矩形区域），是 Flash 绘制、编辑图形、制作动画及显示对象的区域。该区域旁边的灰色区域为工作区，也可作为编辑动画区域，但是播放时灰色区域中的所有对象是不可见的。

“场景”是动画中的片段，与电影中场景的概念相似。一个动画可以只有一个场景，也可以由多个场景组成。动画运行时将按照“场景 1”、“场景 2”…顺序播放。可使用下拉菜单【窗口】→【其他面板】→【场景】打开“场景”面板，对场景进行“添加”、“重置”、“删除”等操作，如图 1-8 所示。

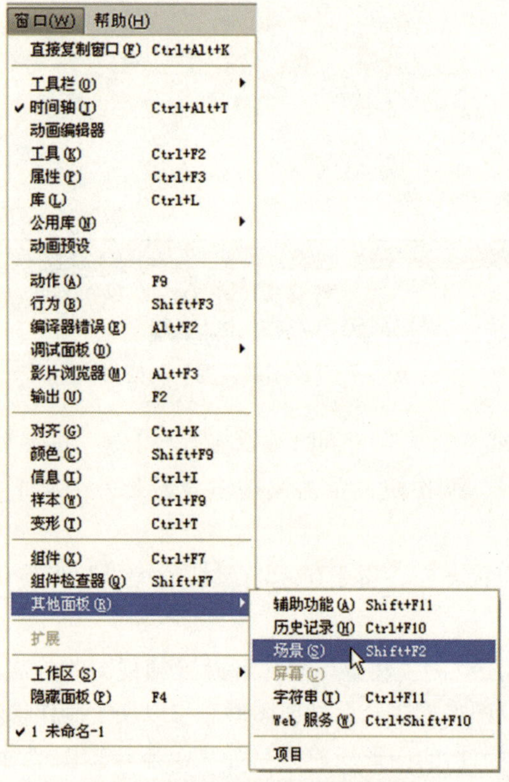

图 1-8 打开“场景”面板的操作

1.3.7 属性面板

“属性”面板是 Flash 中用得最多的面板，根据所选择的对象不同、点击不同的绘图工具而显示不同的属性内容。为此本书将在实例中予以详细介绍。

文档属性设置：选择下拉菜单【修改】→【文档】或在舞台的空白处单击鼠标右键，即可打开“文档属性”对话框，也可在属性面板中的“属性”中选择“编辑”打开“文档属性”面板，如图 1-9 所示，为 Flash 文档设置背景颜色、影片的尺寸及动画播放的频率等。

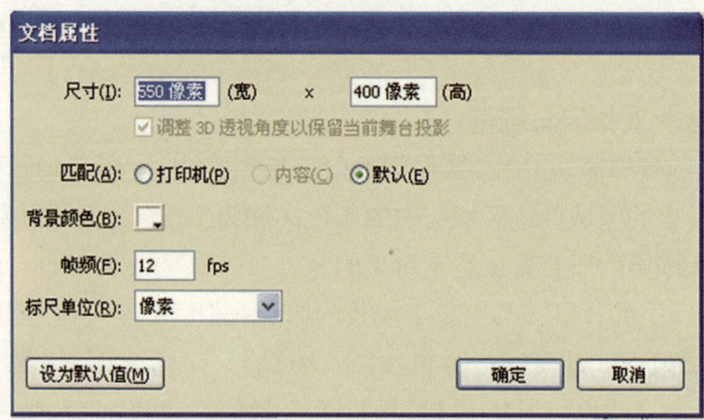

图 1-9 文档属性面板

其中主要选项的含义为：

尺寸：用于设置舞台的高度和宽度；

背景颜色：用于设置舞台的背景色；

帧频：用于设置每秒播放动画的帧数；

标尺单位：用于选择标尺单位。

1.3.8 功能面板

功能面板包括了各种可移动和任何组合的功能面板，可根据需要点击下拉菜单【窗口】来显示和隐藏面板；也可点击面板窗口的右上角的或图标来折叠和展开面板，如图 1-10 所示的“对齐”面板的展开与折叠。

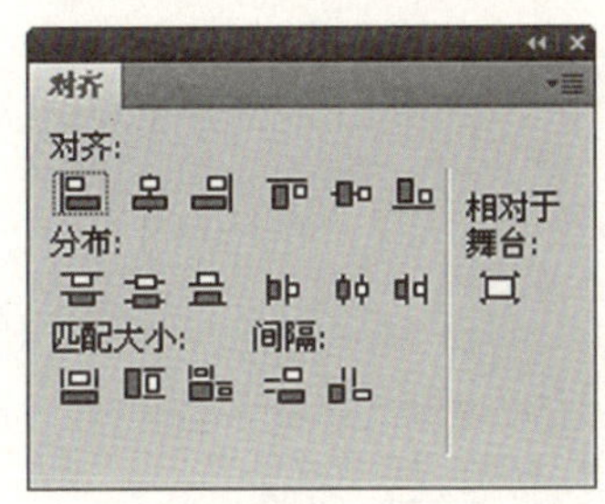

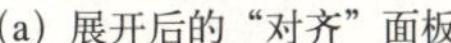
(a) 展开后的“对齐”面板

(b) 折叠后的“对齐”图标

图 1-10 展开和折叠功能面板

1.4 一般的动画制作流程

1. 动画脚本设计：完成作品的整体构思及创意；

2. 建立新文件和设置场景：设置舞台的尺寸、背景颜色、动画播放频率、安排场景等；

3. 制作动画成员：如同拍电影一样首先要挑选适当的角色（绘制图形、按钮等对象、导入图片、声音等外部文件、建立元件），然后合理地进行安排，以确定这些角色在动画中显示的时间和方式；

4. 设定动画效果：根据动画脚本，设计所需的动画类型、动画效果，并配上合适的音效以及交互等；

5. 测试和调试：实时预览，以测试影片的效果并进行相关调试；

6. 保存文件：将源文件的保存类型设置为 . fla；

7. 影片发布：Flash 动画文件可以多种格式输出，输出后的文件可不再依赖 Flash 系统，从而实现其独立播放。

第2章
图形绘制与编辑 Chapter Two

Flash 是一款专业的矢量图形编辑和动画创作软件，其图形的绘制与编辑是动画创作的基础。Flash CS4 提供的图形绘制工具箱中显示有 16 种工具图标，如图 2-1 所示。若点击一些工具右下角的黑三角按钮可打开折叠图标。工具图标与折叠图标一共为 32 种。

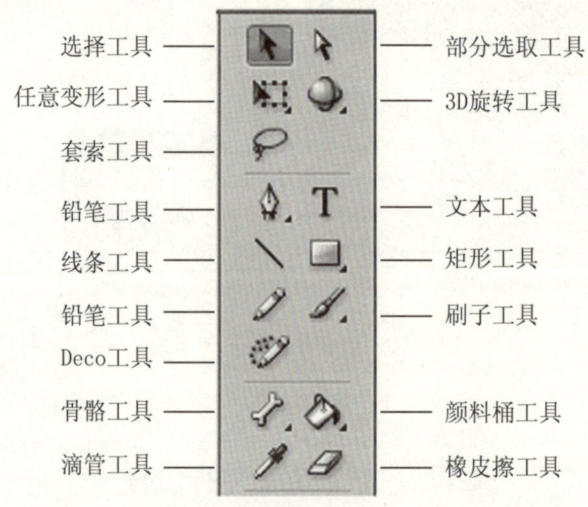

图 2-1 图形绘制工具箱

Flash 的图形绘制时有两种模式。当选择了某种绘图工具时，工具栏下面会显示绘图模式图标或，这两种绘图模式分别为：

1.“合并绘制”模式：当多个图形重叠时，它们自动合并，上方的图形在编辑时会永久地改变其下方的图形；

2.“对象绘制”模式：绘制出的图形被选中时会显示一个矩形外框，该图形独立于其他图形，当多个图形重叠时，每个图形可独立编辑，而不会影响其他的图形。

Flash 中绘制的图形均为矢量图。计算机在显示和存储矢量图时只是记录图形边线的几何参数与颜色，其图形的复杂程度仅影响文件的大小，而与图形的尺寸无关，即矢量图形放大和缩小都不会导致其文件大小的变化。因此矢量图经常用于图形设计、文字设计和标志设计等。

2.1 利用图线绘制工具绘制图形

Flash 用于图线绘制的工具有：线条工具、铅笔工具和钢笔工具。利用这些工具不仅能绘制出各种图线，也可配合其他工具编辑绘制出用户所需要的图形来。

2.1.1 线条工具

线条工具用于绘制直线。点击线条工具后，绘图工具箱中的选项栏出现“贴紧至对象”按钮，启用该按钮可使绘制出的线条处于封闭状态。

选中线条工具或按下快捷键N，在工作区中按下鼠标左键并拖动鼠标，当鼠标松开后，沿鼠标拖动的方向就绘制出了一条直线。选择线条工具后，单击工作界面右方的“属性”，可打开线条工具的“属性”面板，在线条工具的“属性”面板中可以对线条的颜色、“笔触”、“样式”、“缩放”以及“端点”和“接合”等进行设置，如图 2-2 所示。

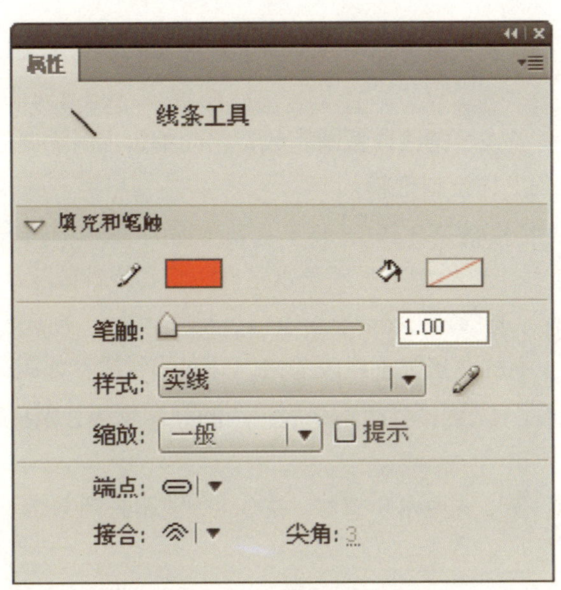

图 2-2　线条工具的“属性”面板

在绘制线条的同时，若按住Shift键，可绘制出水平、垂直或呈 45° 角的直线。

若要绘制曲线，可利用选择工具将直线编辑成曲线。

【例 2-1】利用线条工具绘制一片树叶。

第 1 步：选择线条工具，点击“属性”面板，选择笔触颜色为，在舞台上按下鼠标左键并拖动，从而绘制出一条直线；

第 2 步：点击舞台空白处使线条处于非选择状态，再点击选择工具，将光标移至直线的中部，此时光标变为状，按下鼠标左键并拖动光标到合适的位置，即可将直线变为曲线；

第 3 步：重复第 1、第 2 步，完成整片树叶的绘制；

第 4 步：对树叶叶尖部分做调整。按住Ctrl键，将光标移至叶尖，当其变为 形状，稍稍向右上拖动鼠标，完成树叶尖部的调整。

树叶的绘制过程如图 2-3 所示。

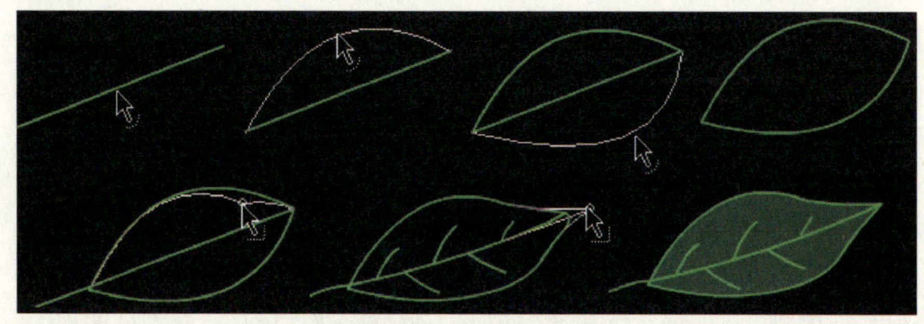

图 2-3　利用线条工具绘制树叶的过程

需要说明的是一条直线只能弯曲一次，若要弯曲多次，需增加连接的线段数目。

在“合并绘制”模式 下，一旦一条线段被另一条线段吸附，会变成两条线段，利用这个特性，可用一条或多条线段截断直线，由此编辑出所需要的图形。

【例 2-2】利用线条工具绘制花瓶。

第 1 步：首先，选择线条工具 ，将工具箱下面的“选项”设置为“合并绘制”模式 ，绘制两条竖直线，再绘制出另两条水平直线将其平行截断，如图 2-4（a）所示；

第 2 步：点击选择工具 ，将光标指向竖直线的上端，当光标变为 时，拖动鼠标向内倾斜，从而将上面的两条竖直线改为向内倾斜的斜线，如图 2-4（b）所示；

第 3 步：点击选择工具 ，将两条分成三段的竖向直线分别拖动鼠标拉成所期望的曲线，如图 2-4（c）所示；

第 4 步：选择工具 ，选中水平直线，按Delete键删去两条水平直线，如图 2-4（d）所示；

第 5 步：选择线条工具 ，绘制两条横线，分别连接瓶口和瓶底端点，完成花瓶的绘制，如图 2-4（e）所示。图 2-4（f）为填充了放射状颜色后的图形。

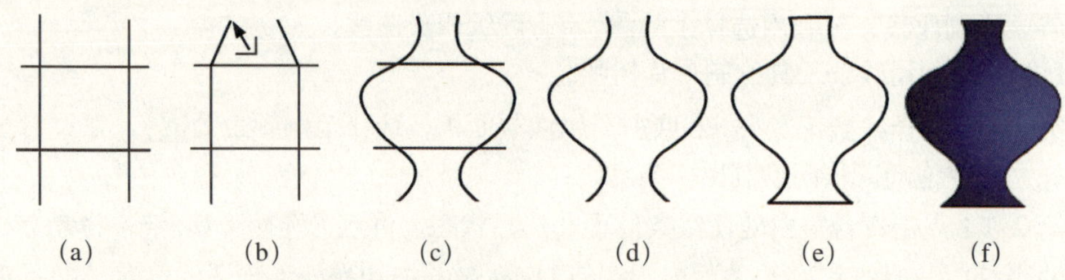

图 2-4　用直线工具绘制花瓶过程

本例绘制的花瓶为对称图形。关于对称图形绘制也可以先只绘出一半的图形，再利用菜单【编辑】→【复制】、【编辑】→【粘贴】命令，然后选择菜单【修改】→【变形】中的“水平翻转”或“垂直翻转”等命令，完成对称图形的另一半绘制。

另一种截断直线的方法是按住Ctrl键，鼠标单击直线某点，并稍稍拖动鼠标，直线段就一分为二变成折线，若要变成多条线，可在所需位置再次按住Ctrl键单击截断处并拖动鼠标，如图 2-5 所示。

图 2-5 将直线编辑为折线的过程

巧妙地利用线条工具和选择工具可以绘制出所需的各种对象。图 2-6 给出了利用直线工具和选择工具绘制小动物的过程。

图 2-6 利用直线工具绘制动物的过程

2.1.2 铅笔工具

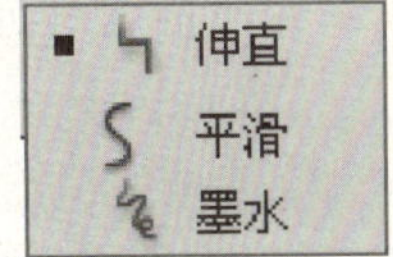

图 2-7 铅笔工具的三种绘制模式

铅笔工具可绘制任意形状的线条。点击铅笔工具或按下快捷键Y后，“工具”箱中的“选项”栏出现“铅笔模式”按钮，点击该按钮出现如图 2-7 所示的三种绘制模式供选择。

1. 伸直模式：用于绘制规则的线条，该模式下的线条较尖锐，若线条接近于直线，则自动将该线段变成直线。

2. 平滑模式：适合于绘制平滑的线条，使原本不易平滑的曲线变得平滑。

3. 墨水模式：画出来的线条就是鼠标指针经过的轨迹，是最接近徒手绘制的线条样式。

在绘制图线时，若同时按住Shift键，可绘制出水平或垂直的直线。

2.1.3 钢笔工具

钢笔工具用于创建比较复杂、精确的曲线。展开钢笔工具右下角黑三角的折叠图标，可选择添加锚点工具、删除锚点工具、转换锚点工具对图形进行编辑，如图 2-8 所示。

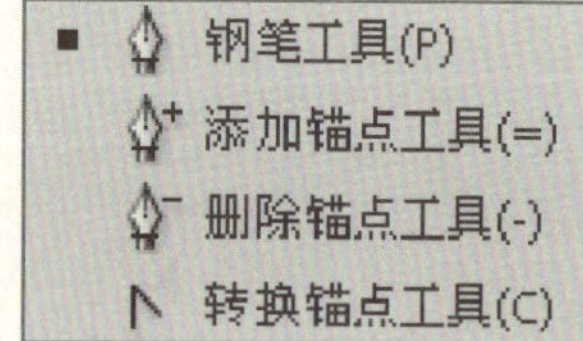

图 2-8 展开钢笔工具后呈现的折叠图标

1. 绘制直线

选择钢笔工具或按下快捷键 P 后，光标变成形状，鼠标在直线起点处单击以定义第一个锚记点，然后在直线终点处再次单击，这时舞台上会出现一条连接两点的直线。用同样的方法继续单击其他点，可以创建出一系列连续的折线段，结束绘画时双击鼠标即可，如图 2-9a 所示。

2. 绘制曲线

选择钢笔工具在曲线起点处单击以定义第一个锚记点，然后在预计的曲线终点处再次单击，同时按住鼠标左键向想要绘制的曲线方向拖动。随着鼠标的拖动，将出现一条曲线的切线手柄用以调整该曲线，当调整曲线到最满意的状态时释放鼠标按钮，即完成曲线的绘制，如图 2-9b 所示。

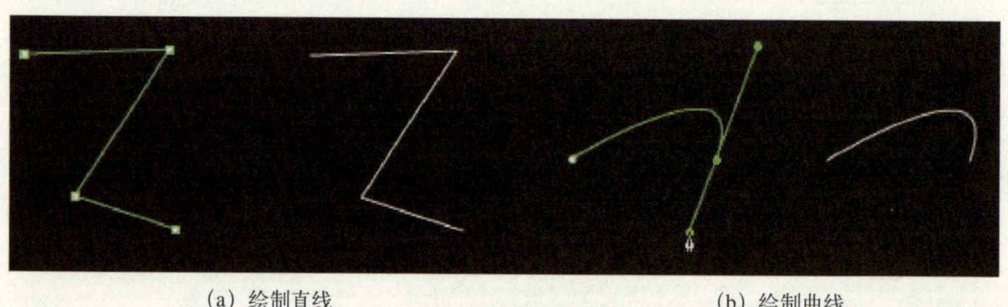

(a) 绘制直线　　(b) 绘制曲线

图 2-9 钢笔工具绘制图线

3. 绘制平面图形

绘制多边形图形可选择钢笔工具。首先，在舞台上的某起点处单击以定义第一个锚记点，再点击下一个点连成折线，依次点击，依次连接，从而形成多边形的各个顶点，最后回到第一个锚记点，即绘制出一个闭合的多边形图形，如图 2-10a 所示。

绘制平面曲线图也可选择钢笔工具。首先，在舞台的起点处单击定义第一个锚记点，再点击下一个锚记点并按住鼠标左键向曲线的切线方向拖动，直到该段曲线达到要求为止；重复曲线段的操作过程，完成各段曲线的绘制，最后回到第一个锚记点，形成闭合的曲线图形，如图 2-10b 所示。

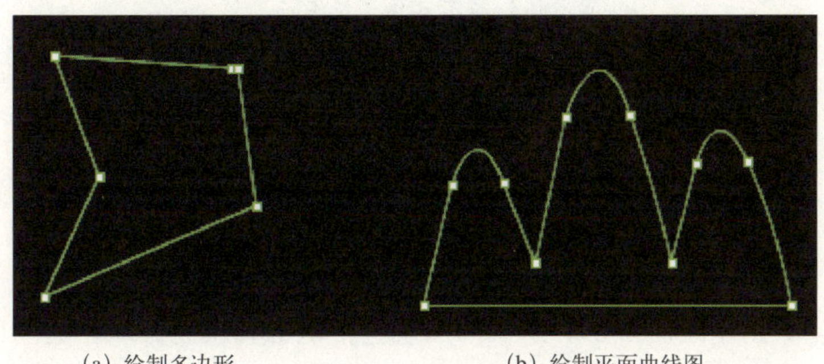

（a）绘制多边形　　（b）绘制平面曲线图

图 2-10　钢笔工具绘制平面图形

4. 锚点工具

钢笔工具 也称为贝赛尔曲线工具，其操作特点是，即便是一条直线也可分解成多段直线来编辑；作图时一般是先创建直线、简单曲线，再利用锚点来调整各线段的角度、长度及曲线的曲率。要添加或删除锚点，只需选择添加锚点工具或删除锚点工具，在曲线上单击锚点即可；选择转换锚点工具，当光标变为 形状后，移动光标至曲线上某个锚点单击鼠标，即可将该锚点两端的曲线转换为直线；也可将光标移至直线上某个锚点并拖曳为所需的曲线。

图 2-11 为利用转换锚点工具将一个倒三角形转换为一个心形图案的编辑过程。

另一种转换锚点的方法是，在可编辑状态下选择钢笔工具，将光标对准线段上要转换的位置，当光标显示为 时直接转换锚点即可。

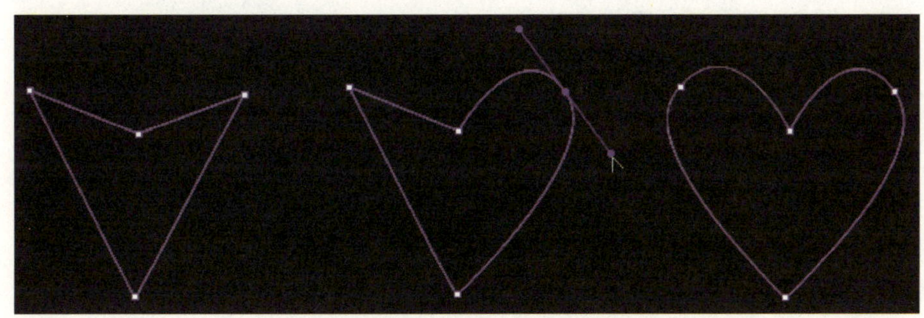

图 2-11　锚点转换工具的使用

2.2　直接绘制平面图形工具

Flash CS4 提供了直接绘制平面图形的工具。该工具汇集了传统 Flash 版本的“矩形工具”和“椭圆工具”，并增加了“基本矩形工具”和“基本椭圆工具”，展开该按钮可选择绘制五种平面图形，如图 2-12 所示。

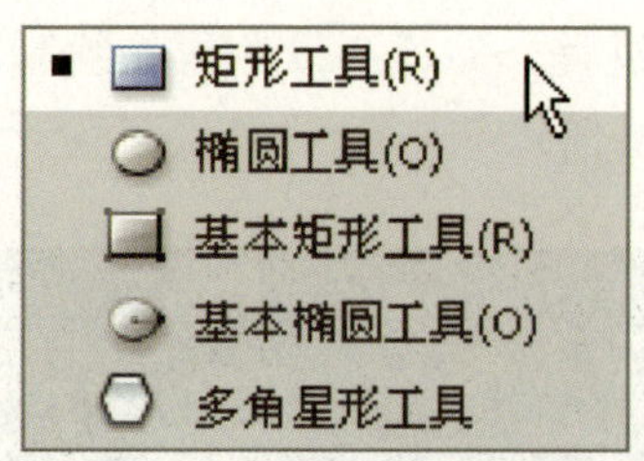

图 2-12　直接绘制平面图形的工具

2.2.1　矩形工具

矩形工具▭用于绘制矩形。绘制的图形包括笔触和填充区域，这两部分是相互独立的。矩形工具▭"属性"面板如图 2-13 所示，较之线条工具的属性它增加了"填充色"和"矩形选项"。

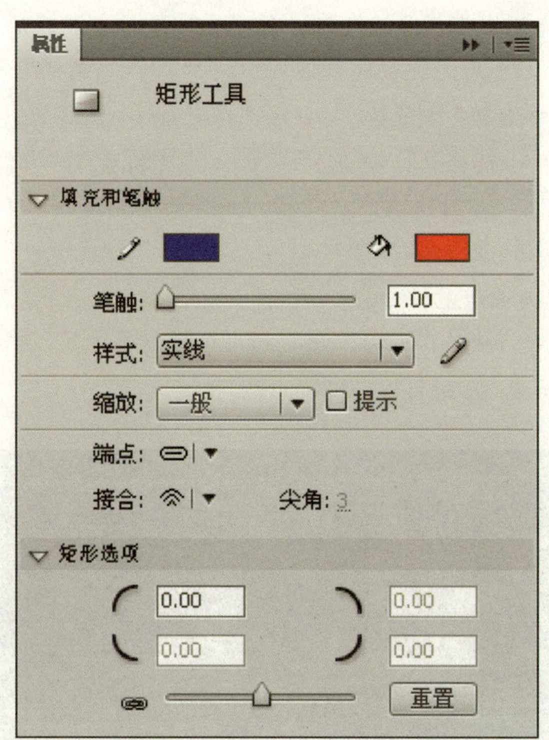

图 2-13　矩形工具"属性"面板

绘制矩形时根据"填充和笔触"的选择可只绘制出矩形框、填充矩形区或两者都绘制，如图 2-14a、b、c 所示；"矩形选项"用来设置圆角矩形的转角角度，其正值为外圆角矩形，负值为内圆角矩形，如图 2-14c、d 所示；点击"重置"按钮左边的图标🔗或⛓可"将边角半径控件锁定为一个控件"或不锁定，使得绘制的矩形各边角设置为相同或不同的形式，如图 2-14e 所示为边角各不相同的图形。

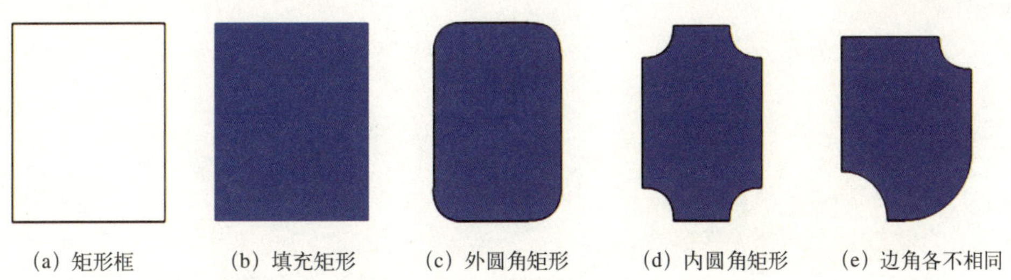

图 2-14　矩形工具绘制图形

选择矩形工具，在拖动鼠标的同时按下键盘上的Shift键即可以绘制出正方形来。

2.2.2　椭圆工具

椭圆工具用于绘制椭圆、椭圆轮廓线、圆环、弧线、扇形等。椭圆工具的“属性”面板增加了“椭圆选项”，如图 2-15 所示。

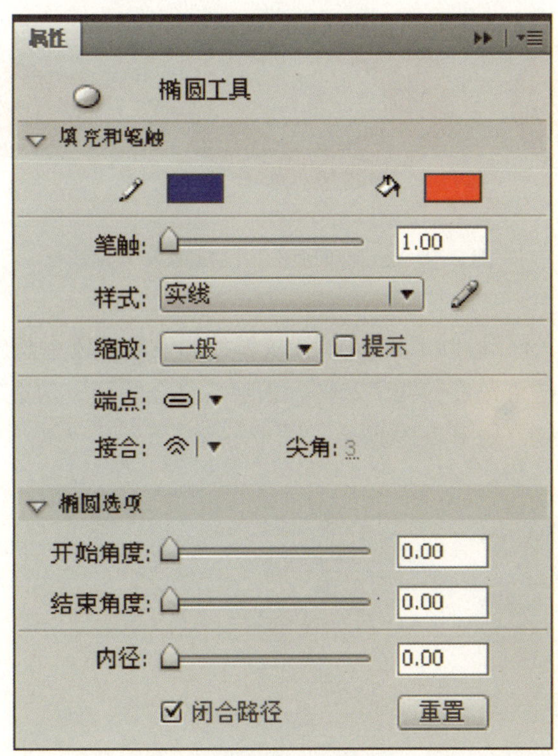

图 2-15　椭圆工具“属性”面板

1. 绘制椭圆和椭圆轮廓线：选择椭圆工具或按下快捷键O，设置好椭圆的“填充和笔触”颜色、样式，在舞台上拖动鼠标即可绘制出椭圆，如图 2-16 所示（本例设置填充色为黄色，笔触颜色为蓝色）；设置笔触颜色，将填充色设置为无，在舞台上拖动鼠标即可绘制出椭圆轮廓线，如图 2-17 所示；

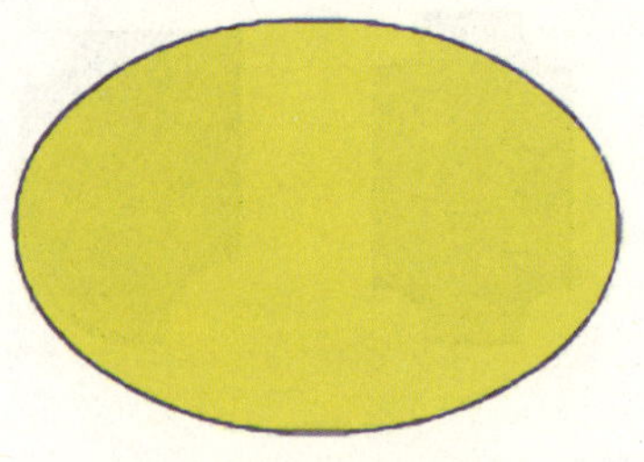

图 2-16 绘制椭圆

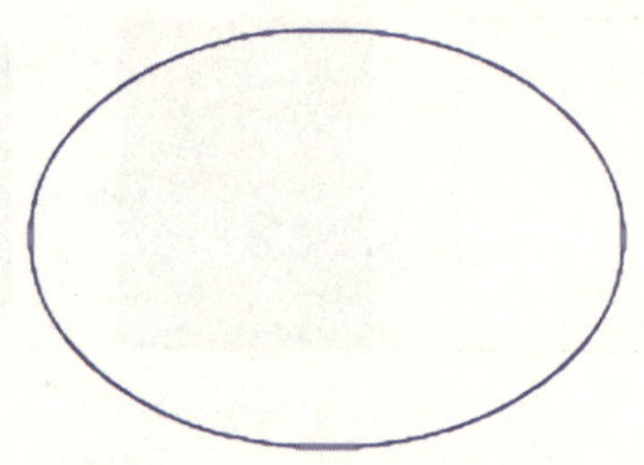

图 2-17 绘制椭圆轮廓线

2. 绘制圆环和半圆环：选择椭圆工具，设置椭圆的“填充和笔触”颜色、样式，设置“内径”为“50”，在舞台上拖动鼠标即可绘制出椭圆环，如图 2-18a 所示；设置“开始角度”为“20”,“结束角度”为“260”,可绘制开口的椭圆环,如图 2-18b 所示；设置“内径”为“10”、“结束角度”为“160”，可绘制出扇形，如图 2-18c 所示；

(a) 椭圆环　(b) 开口椭圆环　(c) 扇形

图 2-18 绘制椭圆环、开口椭圆环及扇形

3. 绘制椭圆弧线：选择椭圆工具，设置弧线的笔触颜色为蓝色、样式为实线，“开始角度”为“20”，“结束角度”为“260”，去除“闭合路径”勾选项，在舞台上拖动鼠标即可绘制出椭圆弧线，如图 2-19 所示；

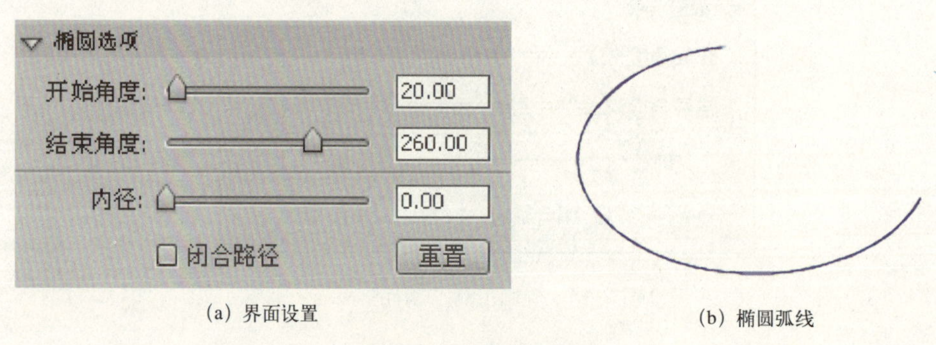

(a) 界面设置　(b) 椭圆弧线

图 2-19 绘制椭圆弧线

4. 在拖动鼠标的同时按下键盘上的Shift键，则可以绘制出正圆（弧）、正圆环等。

2.2.3 多角星形工具

选择多角星形工具，其“属性”面板较之椭圆工具、矩形工具的“属性”面板多了一个“选项”按钮，点击该按钮，出现“工具设置”对话框，可选择“样式”、“边数”以及“星形顶点大小”，从而绘制出所需要的图形，如图 2-20、图 2-21 所示。

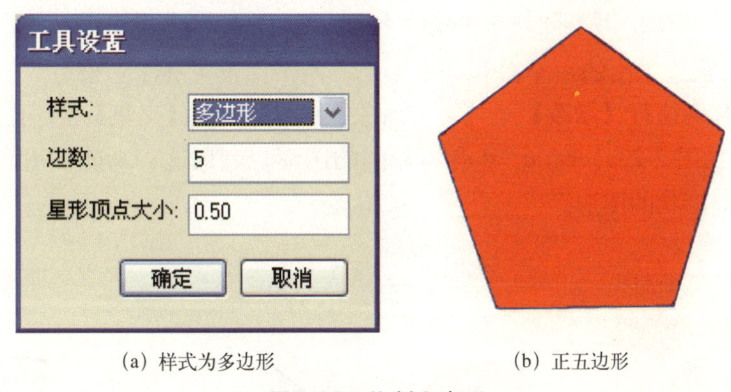

(a) 样式为多边形　　(b) 正五边形

图 2-20　绘制多边形

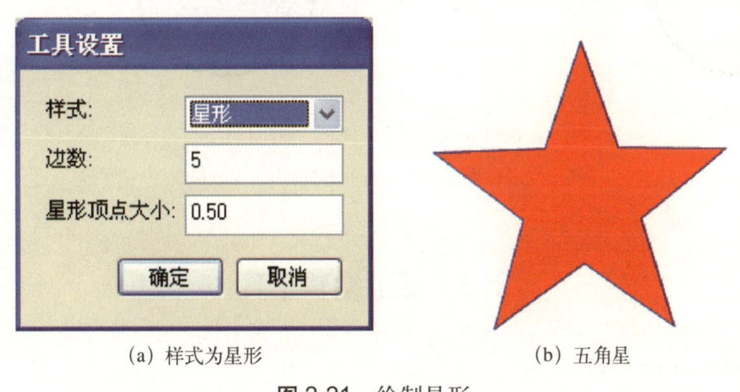

(a) 样式为星形　　(b) 五角星

图 2-21　绘制星形

2.2.4　基本矩形工具和基本椭圆工具

基本矩形工具和基本椭圆工具是 Flash CS4 新增加的功能，在绘制图形时增加了一些锚点，通过调整这些锚点即可实现对图形的快捷编辑，从而轻松地绘制出用户所需要的图形。如利用基本椭圆工具绘制一个正圆后，可调整锚点得到不同的图形，如图 2-22 所示。

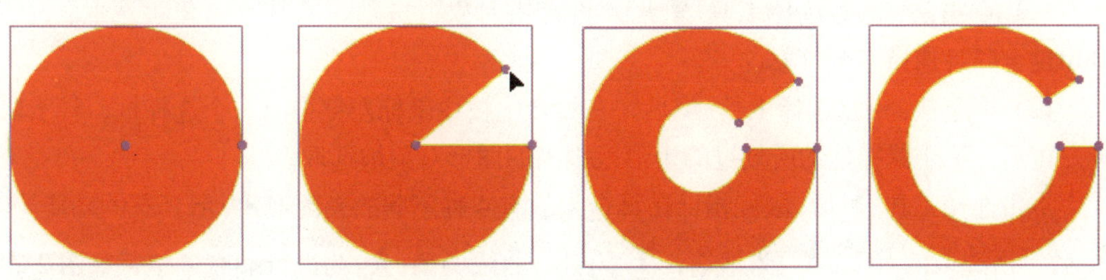

图 2-22　基本椭圆工具的使用

2.2.5 图形的合并

选择“对象绘制”模式绘制平面图形时，两个叠放的图形是互不影响的。此时利用下拉菜单【修改】→【合并对象】，选择【联合】、【交集】、【打孔】和【裁剪】四种命令之一，即可制作出不同效果的文字和图形来。图 2-23 为使用“对象绘制”模式在舞台上分别绘制出的一个圆和一个矩形，两个图形重叠了一部分，当同时选定这两个图形后，分别执行【修改】→【合并对象】中【联合】、【交集】、【打孔】或【裁剪】命令，即得到如图 2-23a、b、c、d 各不相同的图形。利用这一功能，用户可根据需要编辑绘制出不同形状的图形。

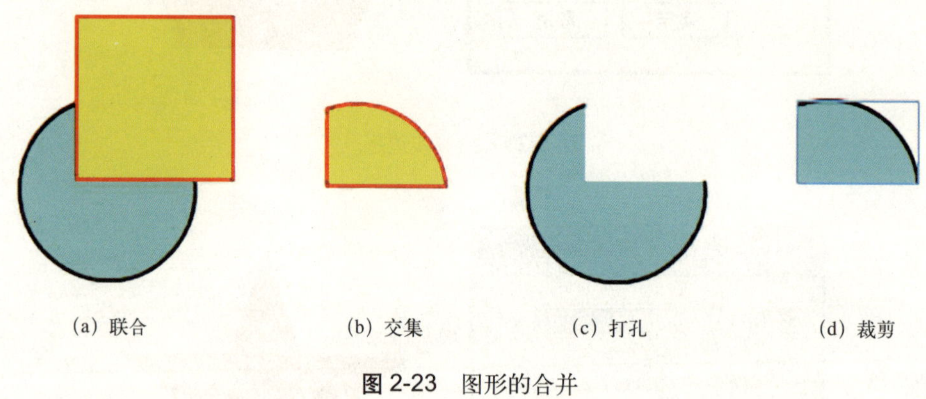

(a) 联合　(b) 交集　(c) 打孔　(d) 裁剪

图 2-23　图形的合并

2.3　图形编辑工具

2.3.1 图形选择工具

图形选择工具有三种，分别是选择工具、部分选择工具和套索工具。

1. 选择工具

选择工具通常用于选取、移动舞台中的各种对象或修改图形。当点击了选择工具或按下快捷键V后，“工具”面板会出现“贴紧至对象”按钮、“平滑”按钮和“伸直”按钮。“贴紧至对象”按钮用于绘画、移动、旋转和调整操作时对象的自动对齐；“平滑”按钮和“伸直”按钮作用与选择铅笔工具时相同。

选取对象有两种方法：

(1) 点击法：点击选择工具后，再点击对象，被点击的整个对象被选取；按下Shift键可同时选择多个对象；

(2) 框选法：点击选择工具后，在舞台上按住鼠标左键拖出一个选择框，释放鼠标左键后，位于鼠标拖动所划过的矩形范围内的图形对象被选取。

点击选择工具后，鼠标指针在舞台上的有 4 种不同的表现形式，所具有的功能为：移动所选取的对象；为框选；为进行曲线调整；为进行端点调整，如图 2-24 所示。

(a) 移动　(b) 框选　(c) 曲线调整　(d) 端点调整

图 2-24 选择工具的 4 种表现形式

2. 部分选择工具

部分选择工具 （快捷键A）用于对舞台中的各种对象的线条节点进行编辑，这里的部分选择是指使用该工具只能选取图形的边框，并显示边框的节点。部分选择工具 也称为节点选择工具（或贝兹选取工具），它通过对节点的移动来改变图形的形状。

【例 2-3】绘制一个火炬。

分析：火炬底座和火焰应分放在不同的图层中，即在第一层绘制出火炬底座、在第二层绘制燃烧的火焰。

第 1 步：新建文件，在第一层的第 1 帧利用矩形工具 、线条工具 、选择工具 等绘制一个火炬底座；

第 2 步：点击"新建图层"建立"图层 2"，点击"图层 2"第 1 帧，单击椭圆工具 ，选择笔触颜色为 ，填充色为红色，按住Shift键绘制一个正圆；

第 3 步：点击部分选择工具 ，单击圆的边框，这时图形的边框出现一些空心圆点，这些点称之为节点；鼠标左键点击最上面的节点表示对该节点进行选择，并按住该点向上拖动，也可以在鼠标点击节点后，将节点变成实心点，再连续敲击键盘中的向上箭头↑键将图形慢慢拉伸形成火苗；

第 4 步：选择合适的节点向上、向下、向左、向右拖动，也可使用选择工具 ，将图形拉成火焰形状，并调整之，其火焰绘制过程如图 2-25 所示。

图 2-25　火炬的绘制过程

3. 套索工具

套索工具也是一种选择工具，主要用于选择图形中的不规则区域或者选择相邻区域中相近颜色的区域。选择套索工具或按下快捷键L后，“工具”面板下方出现“魔术棒”、“魔术棒设置”和“多边形模式”三个选项，其使用方法有：

（1）选择图形对象中的不规则区域：按住鼠标左键在图形对象上拖动，并在起始位置附近结束拖动，形成一个封闭的选择区域；或在任意位置释放鼠标左键，系统自动用直线来闭合选择区域；

（2）选择图形对象中的多边形区域：点击“工具”面板中的“多边形模式”图标，在对象起始点单击鼠标，并依次在其他位置单击鼠标，最后在结束位置双击鼠标即可；

（3）在勾画选取范围时，按下Alt键可以在勾画直线和不规则区域两种方式中自由切换。

现以蓝色矩形的背景板为例，选择套索工具，鼠标箭头即变成套索形状。按住鼠标左键在蓝色矩形板的内部按照自己的意愿勾画出一个封闭的头像区域，释放鼠标左键后该区域即被选中，按Delete键删除选区中的图形对象，即得如图 2-26b 所示镂空的头像图形。

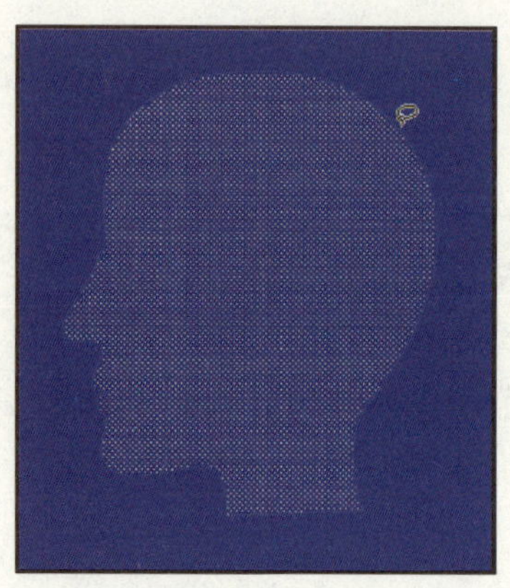

（a）套索勾画出封闭的区域

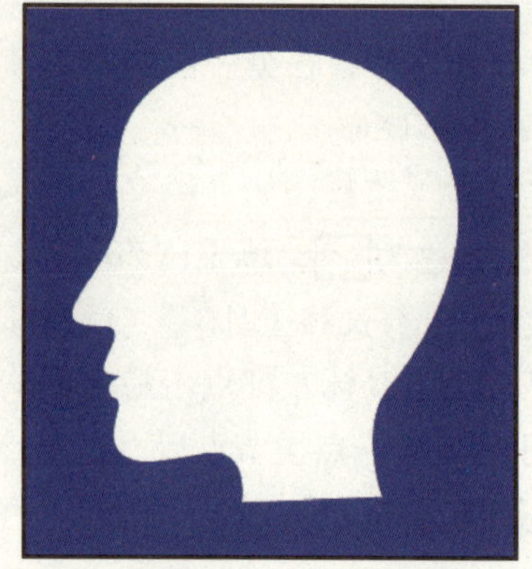

（b）删除封闭区域中的图形对象

图 2-26　利用套索工具勾画区域

(4) 选取图中的相近颜色区域。可先点击进行“魔术棒设置”，弹出如图 2-27 所示的“魔术棒设置”对话框，其中“阈值”为“1”～“200”数值，表示所选区域相邻像素达到的颜色接近程度，数值越大，选取的颜色范围越广，数值为“0”则只选择与所单击图形像素的颜色完全相同的像素；“平滑”用于定义所选区域边缘的平滑程度。魔术棒设置完毕后，可选择魔术棒，再点击所要选取的图形颜色，则选中的相同颜色区域以点状模糊形态显示。

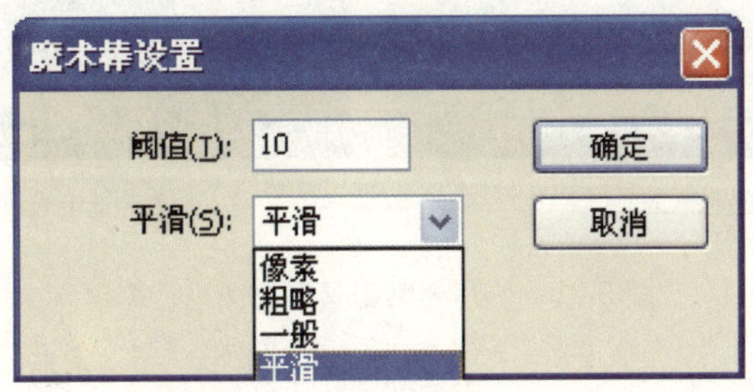

图 2-27 “魔术棒设置”对话框

【例 2-4】利用套索工具编辑位图。

第 1 步：选择下拉菜单【文件】→【导入】→【导入到舞台】，导入一个位图文件；选中该位图，点击下拉菜单【修改】→【分离】将位图打散，变为可编辑方式，如图 2-28a 所示；

第 2 步：选择套索工具，点击“魔术棒设置”，输入“阈值”为“20”，“平滑”选项为“平滑”，按下“确定”后选择魔术棒，单击位图中一块蓝色水面，如图 2-28b 所示；

第 3 步：按Delete键删去被选中的蓝色水面，再用填充工具将其填充成黄色，如图 2-28c 所示。

(a) 导入并分离位图

(b) 选择蓝色水面

(c) 删除选中的蓝色水面并填充为黄色

图 2-28 使用套索工具对位图进行编辑

2. 3. 2 橡皮擦工具

图 2-29 橡皮擦的五种模式

橡皮擦工具用于擦除对象。擦除的对象应为“合并绘制模式”下绘制的图形或经过选择菜单【修改】→【分离】的图形。选择橡皮擦工具或按下快捷键E后再按住鼠标左键拖动鼠标，鼠标所扫过的图形将被擦除，如图 2-30a 所示。橡皮擦工具的选项栏有擦除模式、水龙头按钮和橡皮擦形状三种。

其中擦除模式有五种，可根据需要进行选择，如图 2-29 所示。

橡皮擦形状下拉列表可选择不同大小的矩形和圆形橡皮擦形状；点击水龙头按钮后，再单击需要擦除的填充区域或笔触线段，即可快速地擦除图形。橡皮擦工具的五种擦除效果如图 2-30 所示。

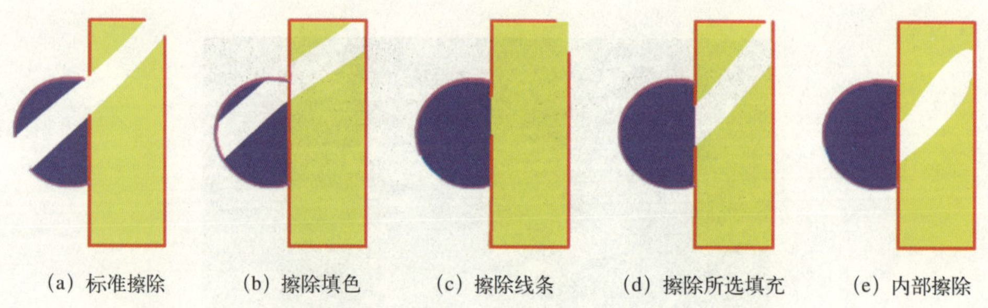

(a) 标准擦除　(b) 擦除填色　(c) 擦除线条　(d) 擦除所选填充　(e) 内部擦除

图 2-30 橡皮擦工具的五种擦除效果

2. 3. 3 任意变形工具

任意变形工具与渐变变形工具设计在同一个组合按钮上。

任意变形工具用于对选择的对象进行各种变形，包括旋转、倾斜、缩放及扭曲等。任意变形工具对应的选项区中除了有贴紧至对象按钮外，还有旋转和倾斜、缩放、扭曲及封套图标按钮，其中图形的旋转和倾斜、缩放按钮基本不用，这是由于选择了任意变形工具后，会自动激活旋转和倾斜、缩放的按钮，而扭曲及封套操作则必须在选区中单击相应的按钮图标后才能使用。

点击任意变形工具或按下快捷键Q则选定对象的中央白色空心圆点即为中心点，该对象的旋转以此为中心，可点击该中心点移动到所需位置。

1. 图形旋转：首先，点击任意变形工具，选取舞台上图形（图 2-31 a）后，将光标移至图形任意一个边角的控制点，可以看到光标变成形状，此时按下鼠标左键旋转便可以实现图形的旋转，如图 2-31b 所示。

2. 图形的倾斜：使用任意变形工具选中图形后，将光标移动到图形边框中间的控制点附近，可以看到光标变成形状，此时按下鼠标左键并按箭头方向移动即可实现对象的倾斜，如图 2-31c 所示。

3. 图形的缩放：使用任意变形工具选取图片后，将光标移动到图形的控制点附近，可以看到光标变成、或形状，此时按下鼠标左键并按箭头方向移动即可实现图形的水平、垂直或等比缩放，如图 2-31d 所示。

4. 图形的扭曲：使用任意变形工具选取图形后，在选项栏中按下扭曲按钮。当光标移动到图形控制点附近，可以看到光标变成状，此时按下鼠标左键并移动即可实现图形的扭曲，如图 2-31e、f 所示。

5. 图形的封套：使用任意变形工具选取图形后，在选项栏中按下封套按钮，此时图形边框出现多个圆形控点。当光标移动到控制点附近，可以看到光标箭头变成状，此时按下鼠标左键并移动即可实现图形的扭曲，如图 2-31g、h 所示。同理可对多个控制点实行扭曲操作，从而实现图形对象的畸变。

（a）任意变形工具选择图形

（b）图形的旋转

(c) 图形的倾斜

(d) 图形的垂直缩放

(e) 图形的扭曲

(f) 扭曲效果

(g) 图形的封套

(h) 封套效果

图 2-31　任意变形工具

【例 2-5】任意变形工具的应用实例。

第 1 步：选择下拉菜单【文件】→【新建】建立一个 Flash 文档，在“图层 1”的第 1 帧绘制一幅小兔图片；添加 2 个新图层，分别复制小兔图片到这两个图层的第 1 帧中，并调整排列出如图 2-32 a 所示的效果；

第 2 步：选中最上面的图片（点击该层的第 1 帧），选择任意变形工具，并点击该工具下方的扭曲选项，将光标放在图片上边线中间的控点上，当光标变为 ▷ 时，按下鼠标左键向右下方拖动至左右边线为 45° 时释放鼠标，如图 2-32b 所示；

第 3 步：同理，选定右下方的图片，选择任意变形工具，点击扭曲选项，将光标放在图片右边线中间的控点上，当光标变为 ▷ 时，向左上方拖动至上边线与顶面图片的右边线重叠，如图 2-32c 所示；松开鼠标后，即得如图 2-32d 所示的立方体表面的贴图效果。

(a) 位于不同图层的小兔图片　　(b) 顶面图片的扭曲

(c) 右侧图片的扭曲

(d) 立方体表面的贴图效果

图 2-32　任意变形工具的应用实例

除此之外，还可利用下拉菜单【修改】→【变形】命令，完成多种变形操作，如“顺时针旋转 90 度”、“水平翻转”和“垂直翻转”等。

2.3.4 刷子工具

刷子工具也称作画笔工具。它可以绘出刷子般的笔触，用于绘制形态各异的色块图案或给各种图案填涂颜色。刷子工具（快捷键B）的选项栏有三个图标：点击图标展开“刷子模式”列表，点击图标展开“刷子大小”列表，点击图标展开“刷子形状”列表，如图 2-33 所示。用户可根据需要选择合适的刷子模式、笔触大小和刷子的形状进行图形绘制和填涂。

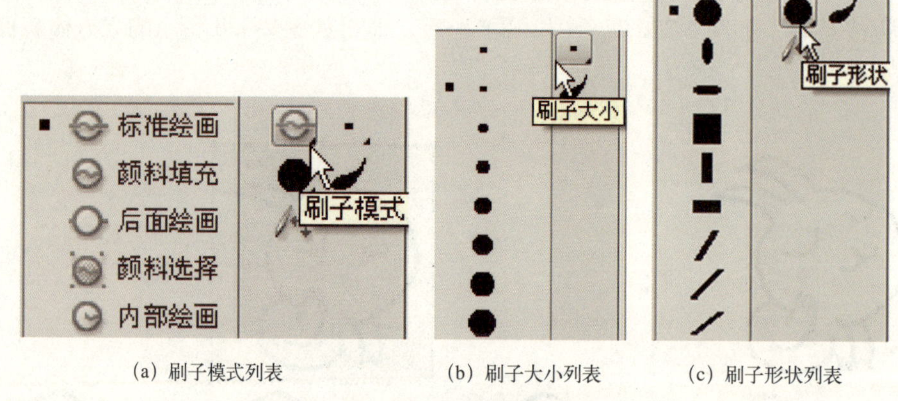

(a) 刷子模式列表　(b) 刷子大小列表　(c) 刷子形状列表

图 2-33　刷子工具选项栏图标列表

刷子工具的五种模式可以用来设置刷子对舞台上其他对象的影响方式，其模式分别为：

1. 标准绘画：可涂改工作区的任意区域；
2. 颜料填充：填充颜色时不会对线条产生影响；
3. 后面绘画：只能在空白区域绘制，即只改变背景，而不涂改对象本身；
4. 颜料选择：只涂改选定的对象，没有选中的对象不受任何影响；
5. 内部绘画：涂绘区域取决于绘制图形的起始位置，即只在起始所在的图形区域中绘画。

图 2-34 所示为同一幅画中当笔刷经过相同的路径时，五种绘制模式下所呈现的绘图效果。

(a) 标准绘画　(b) 颜料填充　(c) 后面绘画　(d) 颜料选择　(e) 内部绘画

图 2-34　刷子工具的五种填涂效果

2.3.5 喷涂刷工具

喷涂刷工具用于将形状图案“刷”到舞台上，以创建出复杂的几何图案，其作用类似于粒子喷射器将形状图案一次性喷涂到设计区域中。喷涂刷工具以当前选定的填充颜色喷射粒子点，也可选择库中影片剪辑元件和图形元件（关于“元件”的概念请参见本书第4章）作为喷射粒子点。喷涂刷工具的“属性”面板如图2-35所示。

点击“属性”面板中“元件”选项的“编辑”按钮，即可打开“交换元件”对话框，该对话框列出了“库”中的所有元件，选择后即可将选中元件的图案喷射到设计区中。

“缩放宽度”用作缩放喷涂粒子的元件宽度；

“缩放高度”用作缩放喷涂粒子的元件高度；

“随机缩放”按随机缩放比例将每个基于元件的喷涂粒子放置在舞台上，并改变每个粒子的大小；

“旋转元件”围绕中心点旋转基于元件的喷涂粒子；

“随机旋转”按随机旋转角度旋转每个基于元件的喷涂粒子；

图2-36为闪烁星的影片剪辑元件的喷涂效果。

2.3.6 Deco 工具

Deco 工具是 Flash CS4 新增加的功能，是一种装饰性绘画工具。利用该工具可对舞台上选定的对象应用效果，创建出复杂的图案。它能将一个或多个元件与之同时应用，可极大地丰富绘画表现力。

选择 Deco 工具或按下快捷键U后，其“属性”面板如图2-37a所示。

“绘制效果”选项中可有三种选项：“藤蔓式填充”、“网格填充”和“对称刷子”，如图2-37b所示。

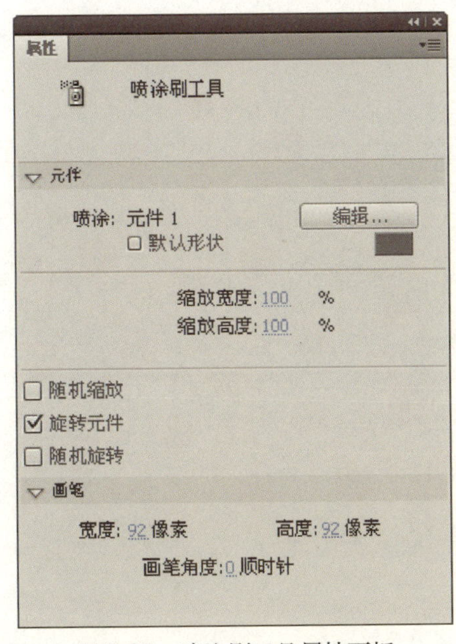

图2-35 喷涂刷工具属性面板

图2-36 喷涂刷工具喷涂效果

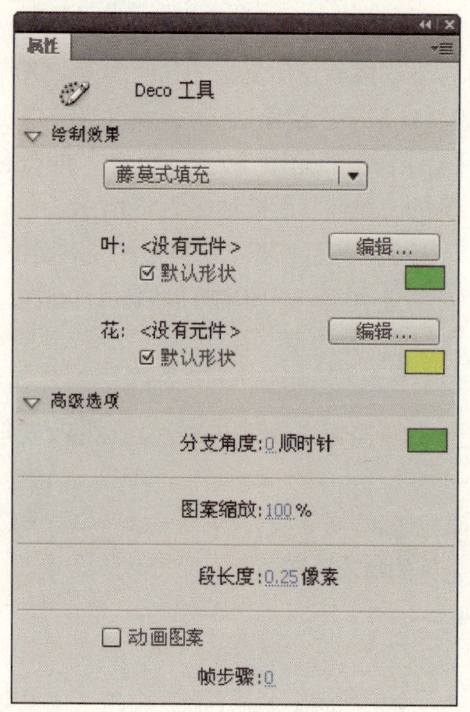

(a) Deco 工具的属性面板

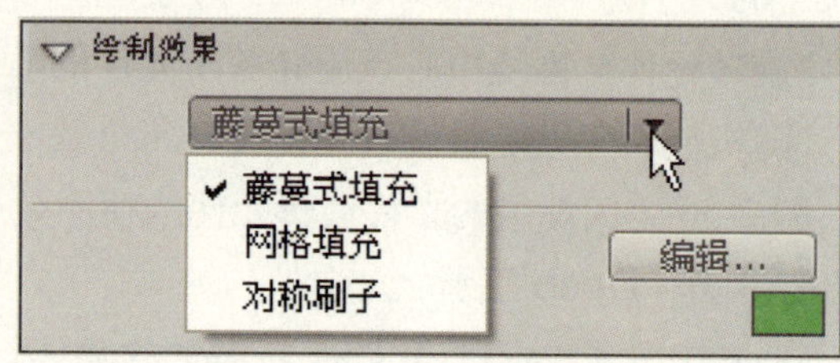

(b) Deco 工具绘制图形效果的选择

图 2-37　Deco 工具属性

1. 藤蔓式填充效果

用藤蔓式图案填充舞台、对象或封闭区。填充时可选用“库”面板中个人所喜好的图形替换默认的叶子或花朵，如图 2-38 所示。图 2-38a 为系统默认的叶子和花朵，图 2-38b 中的花朵由元件替代。

(a) 藤蔓式图案一　　(b) 藤蔓式图案二

图 2-38　藤蔓式图案填充效果

在“高级选项”中，可设置图案的颜色、分支图案的角度、图案沿水平和垂直方向缩放的比例、叶子节点和花朵节点之间段的长度。选中“动画图案”表示将绘制花朵的过程用逐帧动画形式表现出来；而“帧步骤”指定绘制效果时每秒要跨过的帧数。

2. 应用网格填充效果

应用网格填充效果可创建棋盘图案、平铺背景或用自定义图案填充的区域或形状，也可选择“库”中影片剪辑元件和图形元件进行填充，如图 2-39 所示。

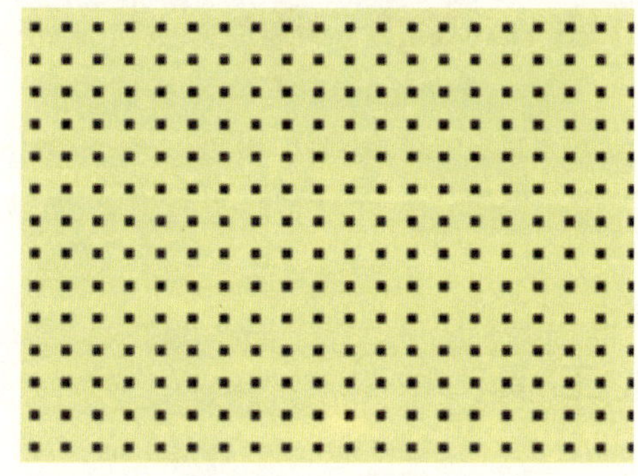

（a）网格图案（系统默认）　　（b）网格图案（元件填充到某个区域）

图 2-39　应用网格填充效果

在“高级选项”中，可调整水平、垂直间距，设置图案的缩放比例。

3. 对称刷子效果

可创建环形的图案，或围绕中心点对称排列图形或元件。对称刷子的“高级选项”有四种可供选择，如图 2-40 所示。

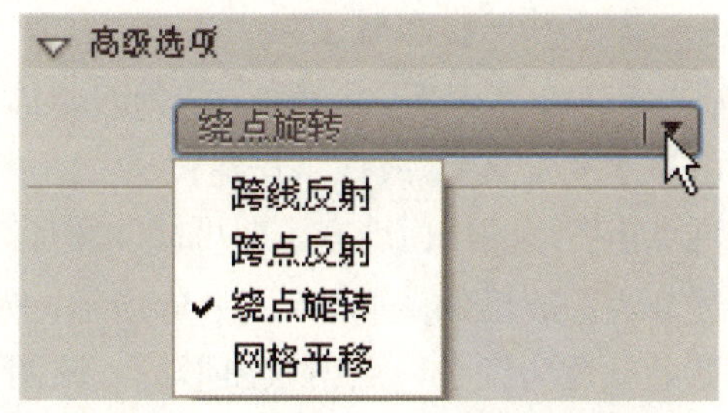

图 2-40　对称刷子效果的高级选项

“跨线反射”可围绕指定的不可见线条等距离翻转图形；

“跨点反射”可围绕指定的固定点对称放置两个图形；

“绕点旋转”可围绕指定的中心点旋转对称的对象；

“网络平移”使用对象效果绘制的形状创建网格。

当选择“对称刷子”、“ 绕点旋转”后，舞台上会出现如图 2-41 所示的刻度。此时，如果选择库中某个元件，再旁边点击后，则该元件会呈现出绕中心点旋转排列的图形，如图 2-42 所示。

当要围绕对象中心点旋转对象时，按下圆形手柄进行拖动操作；要修改元件个数，按下圆形手柄进行拖动操作；要移动旋转对象，按下圆形手柄进行移动操作即可。

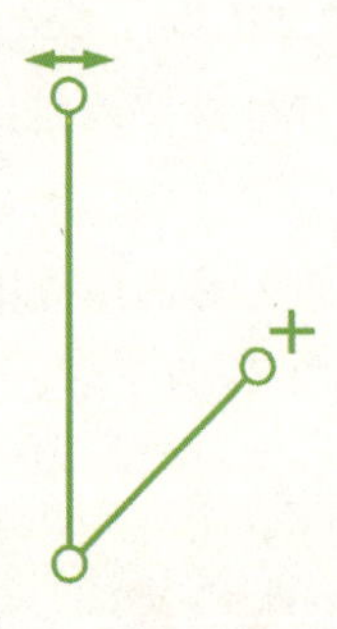

图 2-41 “对称刷子”效果中的“绕点旋转”所示刻度

图 2-42 “绕点旋转”排列图形

2.4 涂色工具

改变图形的颜色可以使用墨水瓶工具和颜料桶工具，而对填充的颜色属性进行编辑则可用渐变变形工具。墨水瓶工具和颜料桶工具设计在同一个组合按键上。

2.4.1 墨水瓶工具

墨水瓶工具用于改变线条的颜色和样式或为没有边界的填充区域添加线条等。点击墨水瓶工具或按下快捷键S后，可直接在“属性”面板上选择边框的颜色和样式，再点击图形的任何地方，即可修改图形的边界。如图 2-43 所示，首先导入一个图片，经过分离修改后的图形如图 2-43a 所示；然后再点击墨水瓶工具，选择“属性”面板上笔触颜色为红色，点击该图形后，该图形边缘添加了红色边框如图 2-43b 所示；若选择笔触样式为虚线，笔触颜色为蓝色，点击图形后，该图形的边缘变为蓝色虚线如图 2-43c 所示。

(a) 原图

(b) 笔触颜色为红色

(c) 笔触样式为虚线、颜色为蓝色

图 2-43 墨水瓶工具的使用

2.4.2 颜料桶工具

颜料桶工具用于填充一个相对封闭区域的颜色。选择颜料桶工具或按下快捷键K后，再点击颜色栏中的填充色打开颜色区以选择合适的颜色，进行纯色、线性、放射状、位图填充。

填充区域的空隙大小有 4 个选项：不封闭空隙、封闭小空隙、封闭中空隙、封闭大空隙，分别可对封闭的区域或相对封闭的区域进行颜色填充，如图 2-44a 所示。

使用颜料桶工具时，可选择下拉菜单【窗口】→【颜色】打开“颜色”功能面板，对颜料桶所填充的色彩进行编辑和选择，如图 2-44b 所示。

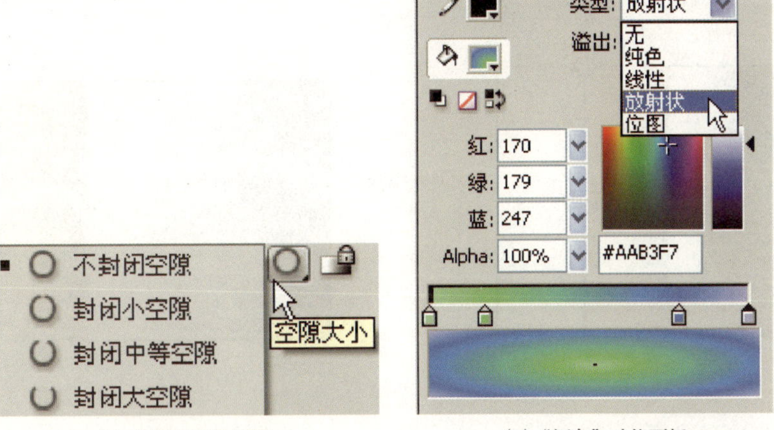

(a) 颜料桶工具选项　　(b)“颜色”功能面板

图 2-44　颜料桶工具的使用

2.4.3 渐变变形工具

渐变变形工具用于对线性、放射状及位图填充图形的颜色进行编辑和变形操作。

1. 线性渐变变形填充

选取矩形工具，填充色类型选择“线性”，在舞台上绘制一个矩形，如图 2-45a 所示。

点击渐变变形工具或按下快捷键F，选中矩形，出现矩形控制区域及三个控点：分别为渐变中心控制点（可以移动填充色的位置）、渐变方向控制点（可以旋转渐变色的方向）和渐变距离控制点（可以缩放渐变色的范围），依次对这三个控制点进行调整，即可观察出填充变化的效果，如图 2-45 所示。

2. 放射状渐变变形填充

首先，点击菜单【窗口】→【颜色】打开“颜色”功能面板，填充色类型选择“放射状”，并调整颜料桶填充色为，选取矩形工具，在舞台上绘制一个矩形，点击渐变变形工具后出现一个正圆的控制区及四个控制点，如图 2-46a 所示，分别调整四个控制点可得到不同的效果。

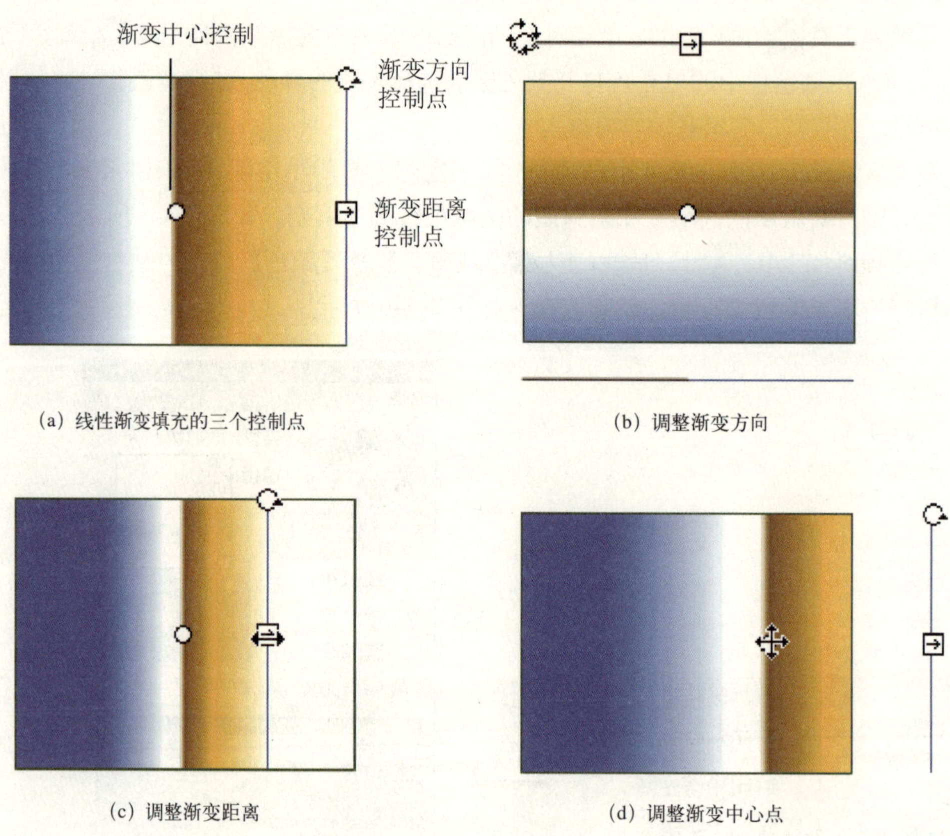

(a) 线性渐变填充的三个控制点　　(b) 调整渐变方向

(c) 调整渐变距离　　(d) 调整渐变中心点

图 2-45　填充变形工具的线性渐变填充

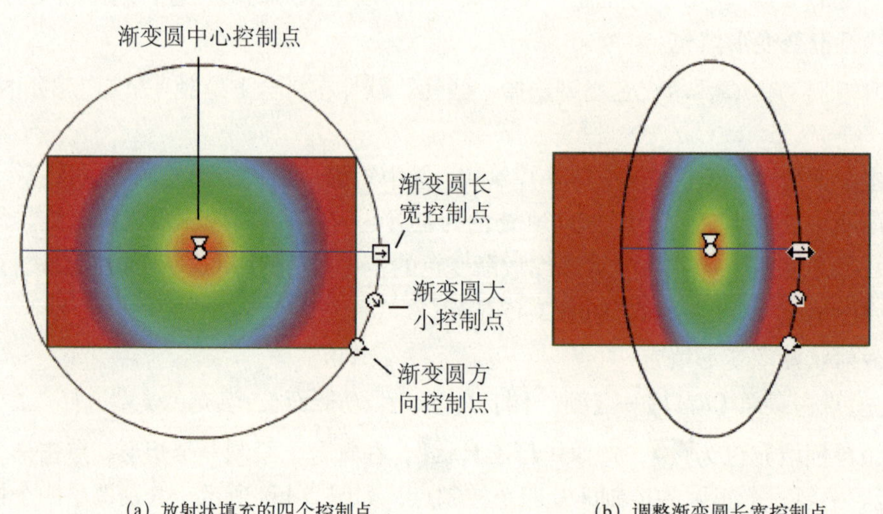

(a) 放射状填充的四个控制点　　(b) 调整渐变圆长宽控制点

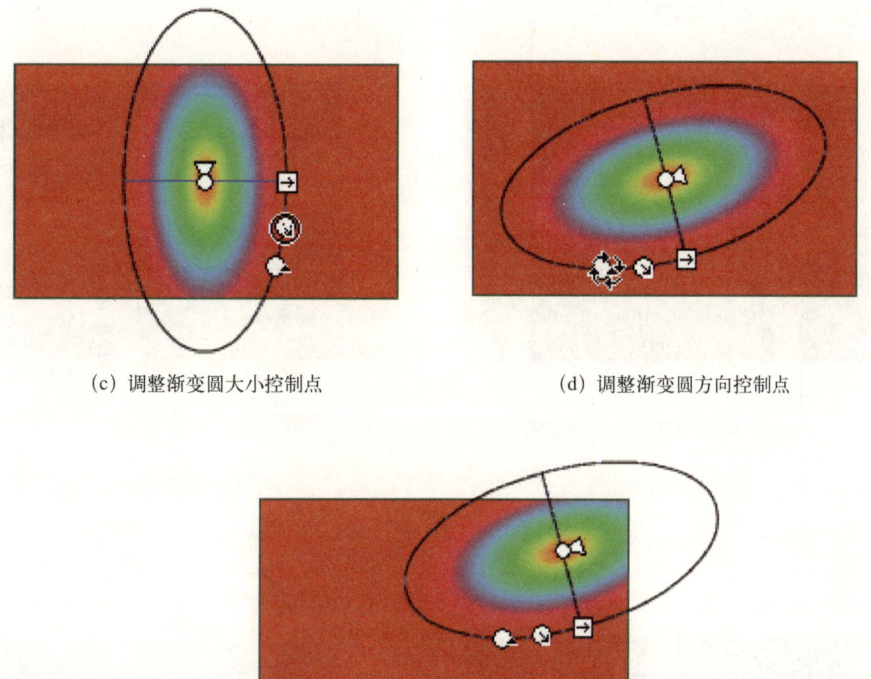

(c) 调整渐变圆大小控制点　　(d) 调整渐变圆方向控制点

(e) 调整渐变圆中心点控制点

图 2-46　填充变形工具的放射状渐变填充

3. 位图填充

若被填充的对象为位图，则在点击渐变变形工具后会出现一个矩形控制区及七个控制点，如图 2-47a 所示，分别调整这七个控制点即可得到不同的图形效果，如图 2-47b~图 2-47h 所示，还可根据需要多次调整变形。

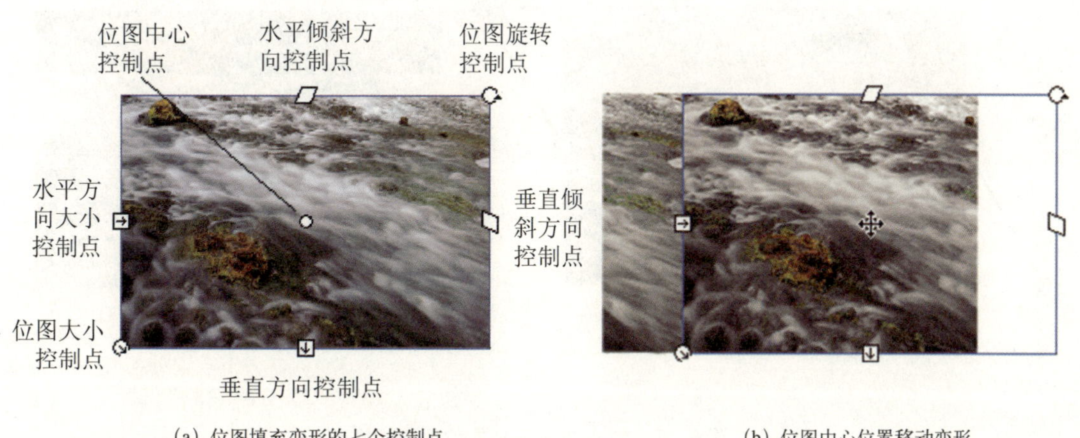

(a) 位图填充变形的七个控制点　　(b) 位图中心位置移动变形

（c）位图旋转变形

（d）位图垂直方向变形

（e）位图垂直倾斜变形

（f）位图水平方向变形

（g）位图水平倾斜方向变形

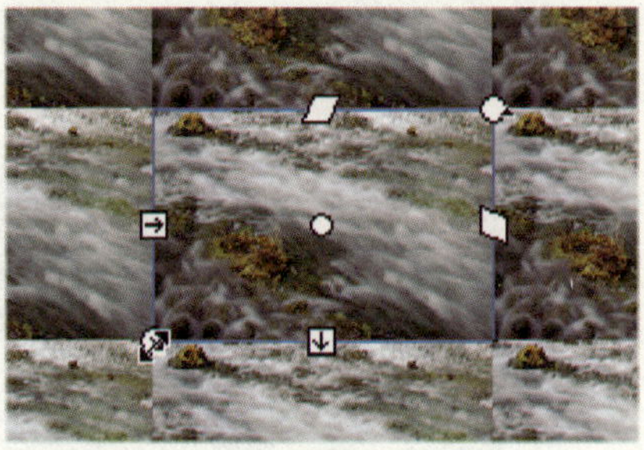

（h）位图缩小变形

图 2-47　填充变形工具的位图填充变形

2.4.4 滴管工具

滴管工具是获得边框颜色和填充色的工具。单击滴管工具或按下快捷键I后，再选择图形的边框，此时滴管工具会自动转变为墨水瓶工具，同时吸收了边框的颜色；若单击图形的填充色，则会转变为颜料桶工具，并吸收了图形的填充色。利用滴管工具可方便地编辑、填充各种图形的颜色。

【例 2-6】将指定的位图填充到所绘制的矢量图中。

第 1 步：绘制矢量图形。首先，在舞台上绘制一个圆，再选择多角星形工具，绘出一个无边框的多边形，如图 2-48a 所示；

第 2 步：导入位图，并将其转换成填充色。点击下拉菜单【文件】→【导入】→【导入到舞台】，导入一个位图图像；选中该图像，点击下拉菜单【修改】→【分离】，将位图像打散转换成填充色，如图 2-48b 所示；

第 3 步：位图填充。选择滴管工具，单击图像，滴管工具转变为颜料桶工具，此时填充色为打散后的位图图像，再单击多边形，多边形填充为位图图像，如图 2-48c 所示；

第 4 步：位图填充花瓶。复制例 2-2 绘制的花瓶，选择滴管工具，单击打散后的位图图像，再点击花瓶为花瓶填充位图图像，如图 2-48d 所示。

(a) 绘制矢量图　(b) 导入图像，将其分离　(c) 填充了位图的矢量图　(d) 填充了位图的花瓶

图 2-48　图像填充

2.5 3D 转换工具

3D 平移工具与 3D 旋转工具是 Flash CS4 新增加的功能，利用这两个工具可实现影片剪辑、按钮元件、文本等对象在舞台上进行 3D 空间的平移与旋转。

2.5.1 3D 平移工具

3D 平移工具主要实现影片剪辑对象在 3D 空间上的移动。选择影片剪辑后，点击 3D 平移工具或按下快捷键G，影片剪辑的 X、Y、Z 轴控件显示在舞台上对象的中心点，如图 2-49a 所示。

鼠标点击 X 或 Y 轴控件上，指针变成▶$_X$或▶$_Y$状，可拖动对象往 X 或 Y 方向移动，此时对象的大小不改变；将鼠标移动到 Z 轴控件上（黑圆点），指针变成▶$_Z$状，如图 2-49b 所示，可拖动对象移动，此时对象的大小随拖动的方向和距离发生变化，如图 2-49c 所示。

（a）影片元件

（b）光标移动到 Z 轴控件上

（c）鼠标 Z 向拖动

图 2-49　3D 平移工具控件

点击 3D 平移工具“属性”面板上的“位置与大小”、“ 3D 定位和查看”、“ 色彩效果”、“ 显示”、“滤镜”等选项可以设置平移对象的属性，如图 2-50 所示。

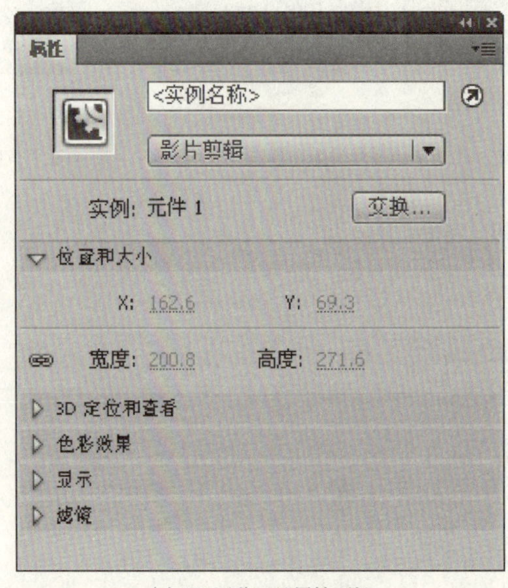

（a）3D 平移工具属性面板

（b）添加色彩效果、滤镜后的效果

图 2-50　3D 平移工具属性设置

若要对舞台上已选中的多个影片剪辑进行变换，按住Shift键的同时双击其中一个选择对象，可将X、Y、Z轴控件移动到该对象上，通过双击Z轴控件，可以同时对多个影片剪辑对象进行移动（拖动X、Y、Z轴控件）。

2.5.2 3D旋转工具

3D旋转工具用于实现对象在3D空间上的旋转。选择影片剪辑后，点击3D旋转工具，则影片剪辑的旋转控件显示在舞台上对象的中心点上，其中绕X轴旋转控件显示为红色；绕Y轴旋转控件显示为绿色；绕Z轴旋转控件显示为蓝色；自由旋转控件显示为橙色，如图2-51所示。

(a) 绕X方向旋转

(b) 绕y方向旋转

(c) 绕Z方向旋转

（d）自由旋转

图 2-51　3D 旋转工具控件

3D 旋转工具的“属性”面板与 3D 平移工具基本相同。鼠标点中 X 轴旋转控件，指针变为 $\blacktriangleright_X$ 状，并按住鼠标进行圆周运动，可使得对象绕 X 轴旋转；鼠标点中 Y 轴旋转控件，指针变为 $\blacktriangleright_Y$ 状，按住鼠标进行圆周运动，可使得对象绕 Y 轴旋转；鼠标点中 Z 轴旋转控件，指针变为 $\blacktriangleright_Z$ 状，按住鼠标进行圆周运动，可使得对象绕 Z 轴旋转；鼠标点中自由旋转控件，指针变为 ▶ 状，按住鼠标进行圆周运动，可使得对象自由旋转；对象旋转的中心点可通过拖动中心点而改变，双击则还原至初始的中心点。

2.6 文本工具

在动画设计制作的过程中，文本充当了非常重要的角色。Flash 文本编辑功能非常强大，不仅可以帮助表述影片的内容，也可制作出各种精美的文字，并实现与用户的交互。

文本对象的添加、编辑和排版是通过绘图工具箱的文本工具 T 及其“属性”面板实现的。

单击文本工具 T 或按下快捷键 T，其“属性”面板显示如图 2-52 所示。可通过选择有关的选项设置文本对象的类型、相关的“字符”、“段落”等参数。Flash 文本也可以像编辑对象一样进行移动、旋转、变形等操作。

2.6.1 创建文本对象

建立文本对象有两种方法：

1. 建立不固定文本区域的宽度：选取文本工具 T，文本类型为系统默认的“静态文本”，单击编辑区，出现文本区域，输入文字，文本区域会随文字的增加而不断增加长度，此时文本框右上角的控点为圆形，如图 2-53a 所示。

2. 建立固定文本区域的宽度：选取文本工具 T，在编辑区按下鼠标左键拖拽出一个矩形区域，从而确定出文本输入的大小范围，再输入文字；该文本区域不会随文字的增加而变化，一旦文本长度超出范围就自动换行，文本框右上角的控点为方形，如图2-53b所示。

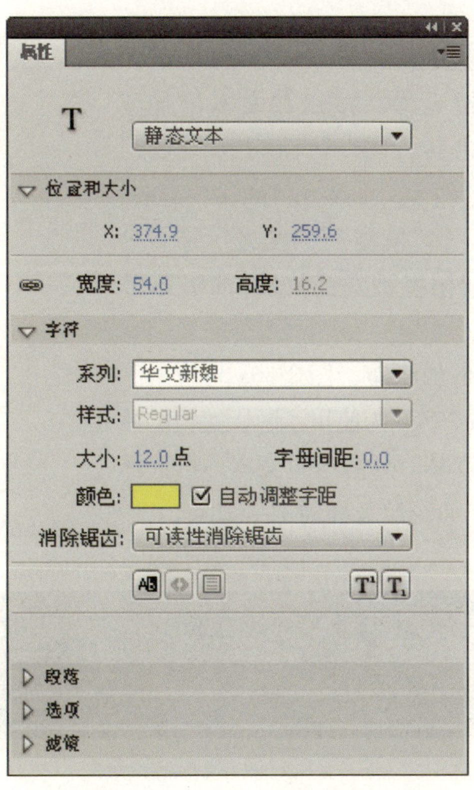

图 2-52 文本工具属性面板

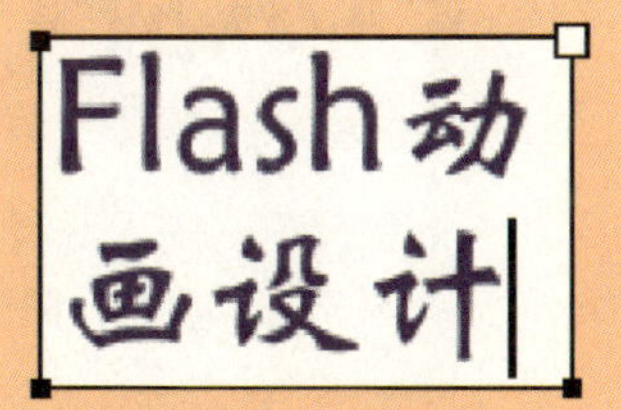

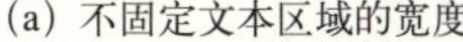

(a) 不固定文本区域的宽度　　(b) 固定文本区域的宽度

图 2-53 建立文本区域

文本输入完毕，可按下鼠标左键并扫过文本，对所选的文字进行编辑和修改。例如，按下鼠标左键并扫过文本中的“动画”文字，点击“字符”选项，选择右下角的 T_1，即可将“动画”文字变为“下标”；按下鼠标左键扫过文本中的“基础”文字，点击“字符”选项，选择右下角的 T^1 即可将“基础”文字变为“上标”，其文本编辑效果如图2-54所示。

FLASH CS4动画设计基础

图 2-54 文本的编辑

2.6.2 文本的滤镜效果

Flash 可为影片剪辑元件、按钮和文本增加滤镜效果。选中文本，点击其“属性”面板中“滤镜”选项卡，单击左下角的按钮，即弹出“滤镜”菜单。该菜单中罗列了“投影”、“模糊”、“发光”等多种滤镜，一个文本可同时使用多种滤镜效果，如图 2-55 所示。

例如，对上述文本添加滤镜，图 2-56a 为使用了渐变发光滤镜的效果；图 2-56b 为使用了阴影滤镜的效果。若要删去某个滤镜效果，只需选中文本，再选择相应的滤镜项目，单击下面的垃圾桶按钮即可。

删除全部
启用全部
禁用全部
投影
模糊
发光
斜角
渐变发光
渐变斜角
调整颜色

图 2-55 属性面板的“滤镜”选项

(a) 为文本添加渐变发光的滤镜效果

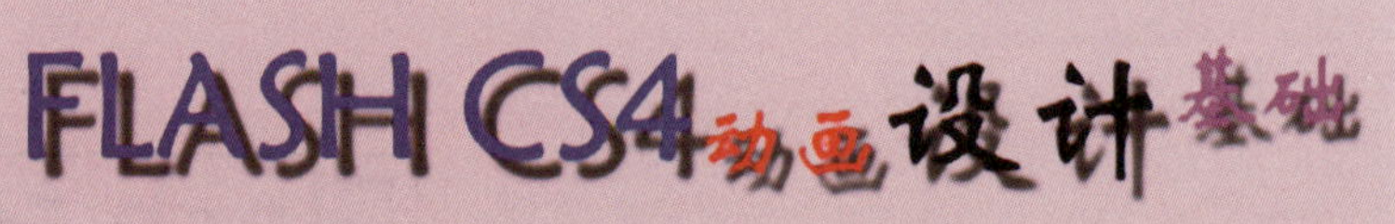

(b) 添加阴影的滤镜效果

图 2-56 文本添加滤镜的效果

2.6.3 文字的编辑

文本在最初创建时采用系统默认的字体、字号与颜色。当需要对一个文本中的某些文字进行处理时，例如移动单个文字，则需要选择下拉菜单【修改】→【分离】，将连续的文本打散成一个个独立的文字，如图 2-57a 所示；分离后的文本可随意进行移动、翻转或旋转等编辑处理，如图 2-57b 所示；如果还要对某个文字的字形进行编辑时，则需再次选择下拉菜单【修改】→【分离】，将文字转换为可填充的图像，如图 2-57c 所示，这样文字就可以像图形对象一样进行编辑处理，图 2-57d 所示的文字就是使用选择工具进行了拉伸处理和颜色线性填充后的效果。

(a) 将连续的文本打散成独立的个体文字

(b) 对分离后的文本进行个体的编辑处理

(c) 再次分离，将文字转换为可填充的图像

(d) 应用选择工具进行拉伸处理和颜色线性填充

图 2-57　文字的编辑

2.6.4　三种类型文本的使用

Flash CS4 中的文本可分为“静态文本”、“动态文本”和“输入文本”三种类型。在建立文本时需在“属性”面板上方进行选择，如图 2-58 所示：

“静态文本”是系统默认的、最常用的基本类型，在影片的播放过程中其内容不会发生动态变化。因此，常用于文字说明；

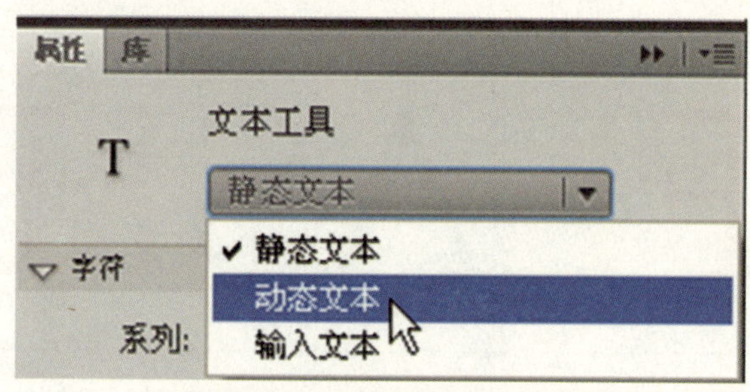

图 2-58　文本的三种类型选择

“动态文本”的文本内容可随着影片的播放而产生变化，它提供了一种实时跟踪和显示文本的方法，例如计分器的设计；

“输入文本”用于在影片的播放过程中，通过实时地输入文本实现用户与动画之间的交互，如在表单中输入用户的姓名、密码等。

下面以一个简单的实例说明这三种不同类型文本的用法。

【例 2-7】在动态文本框中显示出用户输入的文字。

第 1 步：新建文档。点击下拉菜单【文件】→【新建】，新建一个 Flash 文档。在“属性”面板上点击“编辑”打开“文档属性”对话框，设置舞台“尺寸”大小设为“400×400”像素；

第 2 步：创建一个静态文本。选择“工具”面板中的文本工具 T ，建立一个静态文本框，设置相应的文本属性后输入文字“请输入欢迎词：”；

第 3 步：创建一个输入文本框。选择“属性”为“输入文本”；激活“属性”面板中“字符”选项中的“在文本周围显示边框”图标为▣状（显示边框）；并在“属性”面板上设置字符的相应属性；在已建立的“静态文本”文字的下方用鼠标拖曳一个大小合适的文本框，与静态文本框不同的是输入文本框的控点在文本框的右下角，如图 2-59 所示；

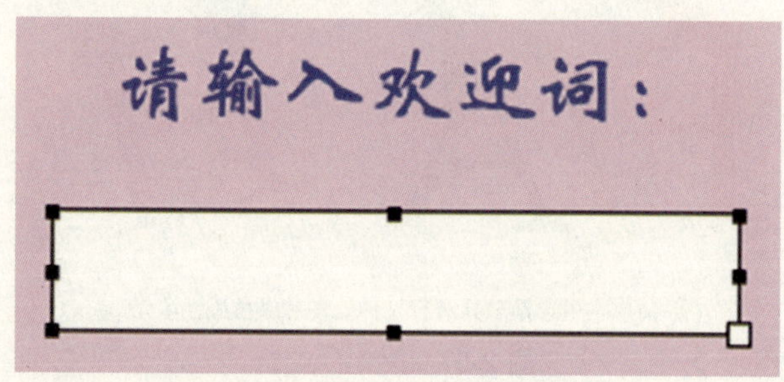

图 2-59　建立“输入文本”框

第 4 步：创建一个动态文本框。首先，利用矩形工具在舞台下方绘制一个矩形；选择“属性”为“动态文本”；设置选项“在文本周围显示边框”的图标为▣状，即不显示边框，在矩形图形上拖曳一个与“输入文本”框相同大小的文本框；

第 5 步：设置“变量”名称。分别点击“输入文本”框和“动态文本”框，在其“属性”“选项”

的“变量”中输入相同名称“hyc”(变量只能以字母和下划线开头，不能以数字开头)；同时，设置“输入文本”的“最大字符数”，本例中限制输入“10”个字符，如图 2-60 所示；

图 2-60 设置输入文本和动态文本的“变量”名称

第 6 步：单击下拉菜单【控制】→【测试影片】或按Ctrl + Enter组合键，其预览显示如图 2-61a 所示；

第 7 步：在“输入文本”框中输入“广州亚运欢迎您！”文字，与此同时下面的“动态文本”框中也直接显示出相同的文字，由此可见“输入文本”框的内容通过变量“hyc”的直接传递到了“动态文本”中，其显示效果如图 2-61b 所示。

(a) 预览影片效果

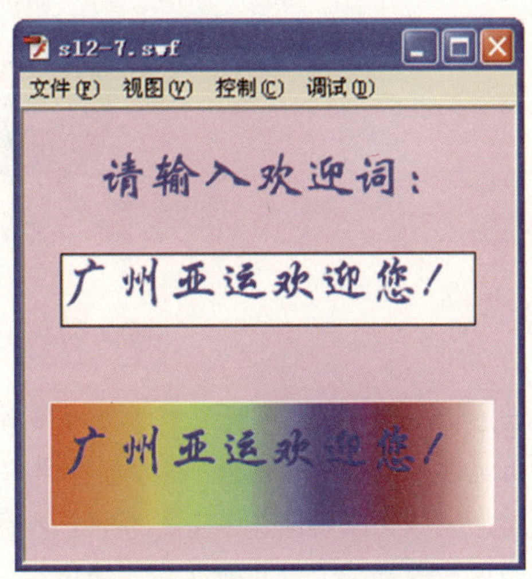

(b) 输入文本和动态文本显示效果

图 2-61 运行影片效果

2.7 反向运动工具

反向运动（IK）包含两个工具：骨骼工具和绑定工具，如图 2-62 所示。骨骼工具可以向元件和形状对象添加骨骼；而绑定工具则用于调整形状对象的各个骨骼和控制点之间的连接关系。

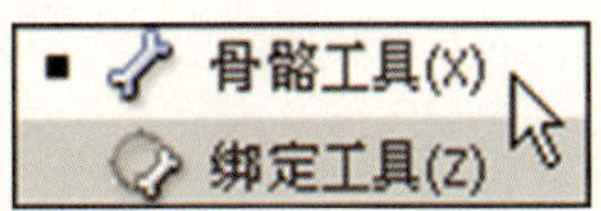

图 2-62 反向运动工具

2.7.1 骨骼工具

骨骼工具可以向单独的元件实例或单个形状的内部添加骨骼，也可以对影片剪辑、图形和按钮实例添加 IK 骨骼。该工具若应用于文本，可将文本转换为元件。

向对象添加骨骼时，先选择骨骼工具，再按下鼠标左键并拖动，释放鼠标后，在单击点和释放鼠标点之间将显示一个实心骨骼。每个骨骼都具有头部、圆端和尾部(尖端)。

向元件添加骨骼：每个元件实例只能连接一个骨骼。首先，在舞台上建立元件实例，并按层次排列；然后，选择“工具”面板中的骨骼工具，并单击要成为骨架的根部的元件实例，最后，鼠标拖动到另一个要连接的元件实例中，以便将另一个元件实例连接到根元件上，如图 2-63 所示。

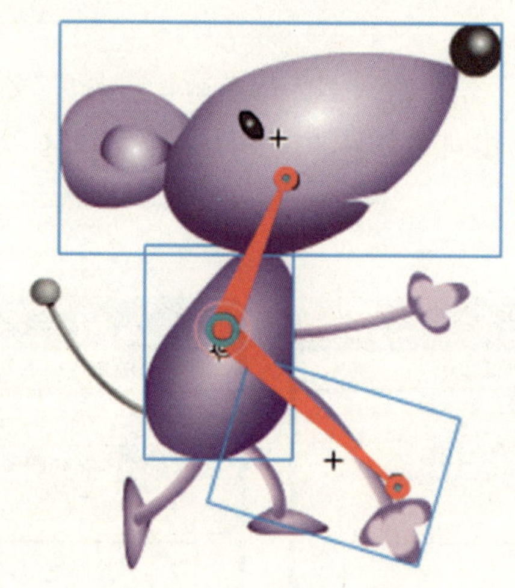

图 2-63　向元件添加骨骼

向形状添加骨骼。可对单个形状内部添加多个骨骼。首先，在舞台上建立填充形状，形状可包含多个颜色的笔触；在添加骨骼前，必须先选定全部形状，通常围绕形状拖出一个矩形区域，以确保选中全部形状；然后，选择“工具”面板中的骨骼工具，鼠标单击形状内部某个点并拖动到其他位置，建立第一个骨骼，当需添加第二个骨骼时，应从第一个骨骼的尾部单击鼠标并拖动到其他位置，如图 2-64 所示。

图 2-64　向形状添加骨骼

2.7.2 绑定工具

绑定工具用来编辑单个骨骼和形状控制点之间的连接，从而可以控制在每个骨骼移动时笔触扭曲的方式。

可以将多个控制点绑定于一个骨骼，也可以将多个骨骼绑定于一个控制点。点击绑定工具后，再单击控制点或骨骼，将显示骨骼和控制点之间的连接。已连接的控制点以黄色加亮显示，选定的骨骼以红色加亮显示；仅连接到一个骨骼的控制点显示为方形，连接到多个骨骼的控制点显示为三角形。

如要向选定的骨骼添加控制点，可按住Shift键单击未加亮显示的控制点，也可通过按住Shift拖动来选择要添加到选定骨骼的多个控制点。若要从骨骼中删除某个控制点，按住Ctrl键单击以黄色加亮显示的控制点。也可以按住Ctrl键选择多个点，或框选多个点，再拖动其中任意一个点即可同时删除所选点的连接。

2.7.3 属性面板中常用的选项

点击骨骼工具，为形状添加了骨骼后，其“属性”面板如图 2-65 所示，此时可将形状对象的“高度和宽度锁定在一起”，以保证在动画过程中形状对象的高度和宽度等比例变化。

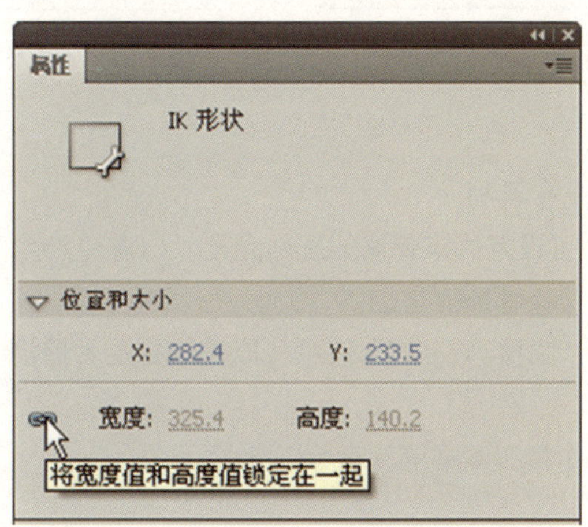

图 2-65　添加骨骼后的形状对象属性

点击骨骼工具，对元件实例添加了骨骼后，其“属性”面板如图 2-66 所示，可分别对各元件实例的“色彩效果”进行设置。

点击选择工具，再选择某个骨骼，其“属性”面板如图 2-67 所示，可对所选骨骼进行设置。

选定一个骨骼后，可单击属性面板上的按钮，将所选骨骼移动到相邻骨骼上；双击某个骨骼，则选中骨架中的所有骨骼；

“位置”选项将显示选中的 IK 形状对象在舞台上的位置、长度和角度；当需限制选定骨骼的速度时可在“速度”字段中输入一个值。连接速度为骨骼提供了粗细效果，最

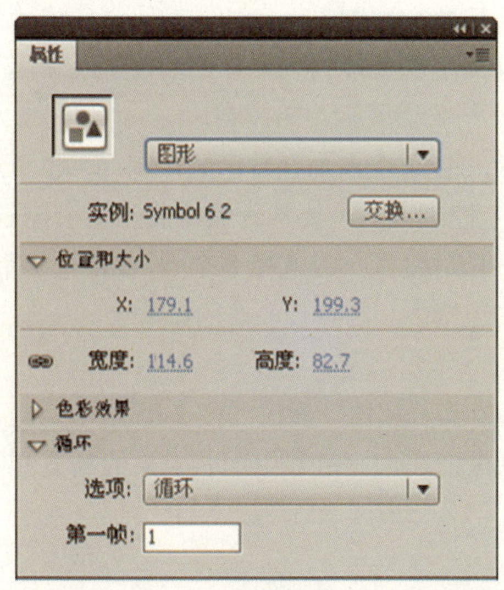

图 2-66　添加骨骼后的元件实例属性

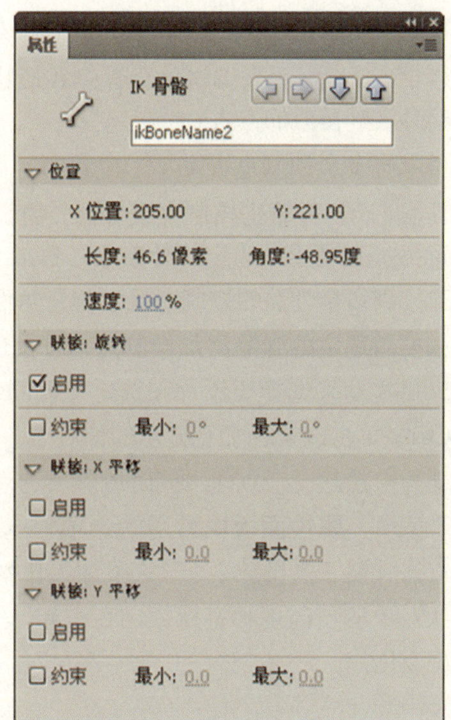

图 2-67　选定骨骼的属性面板

大值 100% 表示对速度没有限制。

“联接：旋转”选项可设置约束骨骼的旋转角度，以避免产生不符合逻辑的错误的旋转，旋转度数是相对于父级骨骼而言的。

“联接：X 平移”和“联接：Y 平移”选项可以使选定的骨骼沿 X 或 Y 轴有限地移动，并更改父级骨骼的长度。

有关骨骼动画的制作将在本书第 6 章予以介绍。

第 3 章 动画设计制作初步

Chapter Three

Flash 基本动画类型有两种，即逐帧动画和补间动画。逐帧动画是在每一帧创建不同的画面，连续播放而产生的动画；补间动画是作者在创建了初始帧和终止帧的画面后由计算机自动生成过渡帧的动画。

Flash CS4 提供了传统补间动画、补间形状动画以及补间动画的制作方法。

“传统补间动画”是 Flash CS4 以前版本的补间动画，是基于关键帧中对象运动渐变的动画；

“补间形状动画”是在时间轴的同一层的不同帧上绘制两个不同形状的对象，然后通过预设的规则由 Flash 自动生成并插入中间帧的变化，从而令创建的对象逐渐发生形状变化的动画；

“补间动画”是 Flash CS4 引进的一种新的动画形式，它通过为同一个对象的同一属性在不同的帧中赋予不同的值来建立的动画，而该属性在两帧之间的变化由 Flash 根据预设的规则自动生成。

3.1 逐帧动画

逐帧动画的制作需人工绘制每一帧的内容，类似于传统的动画制作过程。因此逐帧动画适用于图像在每一帧都发生变化和变形的复杂动画，而不仅仅是对象在舞台上的简单移动。制作逐帧动画工作量相对较大，对美工要求也较高，但动画效果精美。逐帧动画的帧数越多，工作量就越大，动态效果就越好。

【例 3-1】创作模拟汉字“人”的书写过程的动画。

分析：本例模拟简单汉字的书写过程，笔画复杂的文字书写过程与其相同。要实现“人”字的书写过程，每一帧都需要先输入“人”字，然后再逐帧修改。

第 1 步：新建一个文件，在“属性”面板上点击“编辑”打开“文档属性”对话框，选择“背景颜色”为白色，舞台“尺寸”为“300 × 300 像素”，如图 3-1 所示；

第 2 步：选择时间轴“图层 1”的第 1 帧，单击文本工具 T，在“属性”面板上选择文字颜色为红色、字符大小为“200”，字体为“华文新魏”（图 3-2），在舞台中心输入一个“人”字；

第 3 步：按下鼠标左键选中“人”字，点击下拉菜单【修改】→【分离】，将“人”字打散；依次在第 2 ~ 6 帧单击F6键，使得 1 ~ 6 帧均为关键帧，并都有打散过的“人”字；分别选中第 1 ~ 5 帧，点击橡皮擦工具，将“人”字逐帧擦去一部分，如图 3-3 所示；

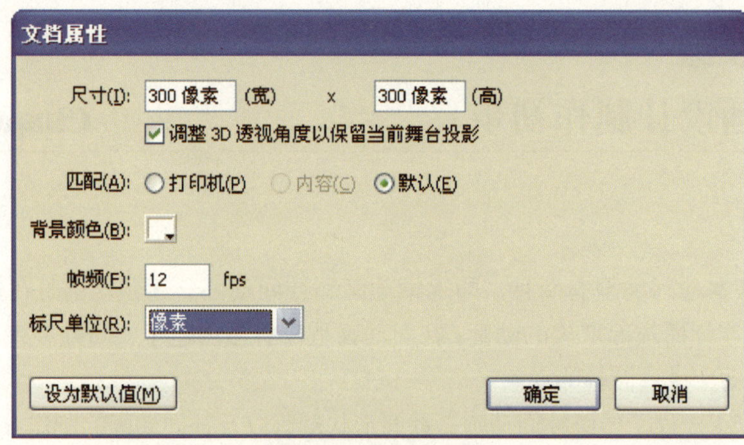

图 3-1　文档属性设置

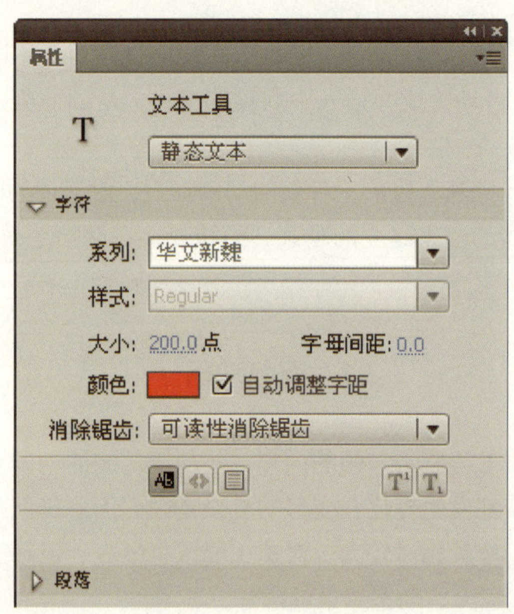

图 3-2　文字属性设置

图 3-3　“人”字逐帧动画的各帧设计

第 4 步：选择下拉菜单【文件】→【另存为】，保存文件名为“SL 3-1 .fla”源文件；选择下拉菜单【控制】→【测试影片】，即可生成“SL 3-1.swf”文件，同时预览“人”字书写的逐帧动画运行效果。

若想达到更为流畅的书写效果，则需增加相应的关键帧。

【例 3-2】创作一段蜡烛燃烧的动画。

分析：蜡烛燃烧时火苗在闪动，而蜡烛是静止的。因此，闪动的火苗和静止的蜡烛应分别放在不同的图层中如图 3-4 所示。

第 1 步：新建一个 Flash 文档后，在“属性”面板上点击“编辑”打开“文档属性”对话框，设置舞台“尺寸”大小为“400 × 400 像素”；

第 2 步：双击“图层 1”，更名为“蜡烛”；选择第 1 帧，单击椭圆工具，选择笔触颜色为，填充色为线性渐变，绘制一个椭圆；按住Shift键，绘制一个长方形，使用选择工具将边缘修改为蜡烛形状；单击第 3 帧，按F5键延长帧；

第 3 步：单击图层左下角的“新建图层”按钮，插入图层 2，双击“图层 2”更名为“火焰”，点击该图层上的第 1 帧，单击椭圆工具，选择笔触颜色为，填充色为橙色渐变，绘制一个椭圆，再利用选择工具和部分选择工具，将其上方修改为火焰状；

第 4 步：在“火焰”图层的第 2、3 帧分别按下F6键，增加关键帧，利用选择工具和部分选择工具调整第 1 帧的火焰向左偏移；调整第 3 帧的火焰向右偏移，如图 3-5 所示；

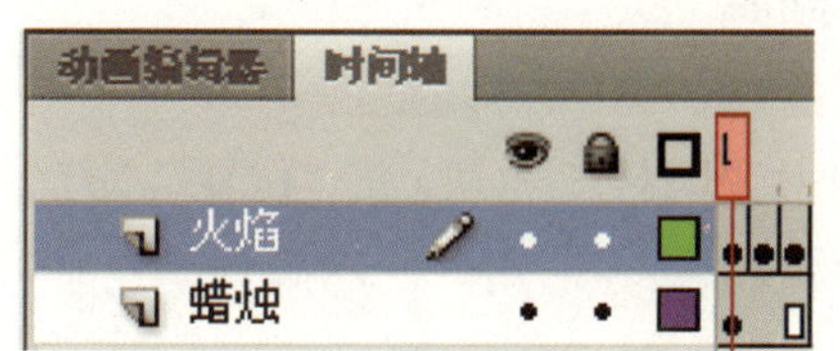

图 3-4 “燃烧的蜡烛”图层与时间轴

图 3-5 “燃烧的蜡烛”三个不同的关键帧画面

第 5 步：点击下拉菜单【文件】→【保存】，保存名为“SL3-2.fla”的文件。按Ctrl + Enter组合键或点击下拉菜单【控制】→【测试影片】，即可预览蜡烛燃烧的动画效果。

【例 3-3】创作一段小鸟飞翔的动画。

分析：小鸟飞的时候身体基本不动，但两只翅膀的动作却不一样，因此应分开绘制翅膀和身体，并置于不同的层中。

第 1 步：新建一个 Flash 文档，设置文档属性，选择背景为白色，舞台“尺寸”设为“300 × 200 像素”；点击下拉菜单【文件】→【保存】，保存名为“SL3-3.fla”文件；

第 2 步：双击“图层 1”，将图层更名为“身体”，并在第 1 帧上绘制小鸟的身体，因小鸟在飞行的过程中身体基本保持不变，故在第 5 帧按下F5键延续帧；

第 3 步：点击图层中的“新建图层”添加图层 2，更名为“翅膀 1”，单击“翅膀 1”图层的第 1 帧绘制翅膀，该翅膀位于为小鸟身体前面（左边的翅膀），在第 2 ~ 5 帧按下F6键添加关键帧，并逐帧修改这只翅膀，如图 3-6 所示；

图 3-6 “飞翔的小鸟”的各帧设计

第 4 步：点击图层中的“新建图层”添加图层 3，更名为“翅膀 2”，该翅膀位于为小鸟身体的后面（右边的翅膀），因此应将该图层拖放至最底层，并在第 1、2、3 帧上绘制右边的翅膀（图 3-6）；由于“翅膀 2”在小鸟的身体后面，故第 4、5 帧不需绘制，如图 3-7 所示的空白帧；

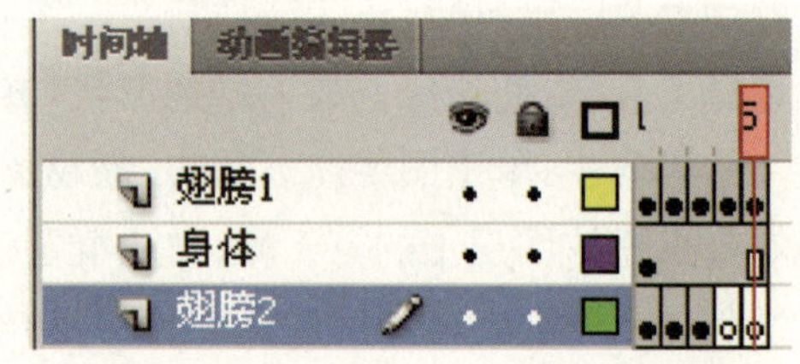

图 3-7 “飞翔的小鸟”图层与时间轴

第 5 步：单击下拉菜单【控制】→【测试影片】或按Ctrl + Enter组合键，即可呈现小鸟飞翔的逐帧动画效果。

3.2 传统补间动画

传统的补间动画制作是在起始帧定义一个实例（或组件、文本块）的“位置”、“大小”、“旋转”等属性，然后在终止帧更改这些属性，则系统沿路径应用补间动画自动完成。

3.2.1 位移运动补间

【例 3-4】创作一段击打保龄球的动画。

分析：当保龄球滚动并碰到球瓶时，球瓶应即刻倒下。由于保龄球和球瓶的运动方式不同，因此，需安排在不同的图层上。

第 1 步：新建一个 Flash 文档。点击下拉菜单【文件】→【新建】，选择属性“编辑”弹出“文档属性”对话框，设置舞台“尺寸”宽为“500 像素”、高为“400 像素”，“背景颜色”选为浅蓝色；点击下拉菜单【文件】→【保存】，保存名为“SL3-4.fla”的文件；

第 2 步：绘制球瓶。双击“图层 1”，更名为“瓶”。点击第 1 帧，选择椭圆工具在舞台上绘制一个椭圆，然后利用选择工具，将椭圆修改成球瓶形状，并在瓶颈处用线条工具绘制两条球瓶的装饰横线，最后用选择工具将其修改成曲线即可；

第 3 步：绘制保龄球。点击图层下方的“新建图层”，添加图层 2，更名为“保龄球”，并在第 1 帧选择椭圆工具、填充色为，在舞台左侧，按住Shift键绘制出一个正圆，如图 3-8 所示；

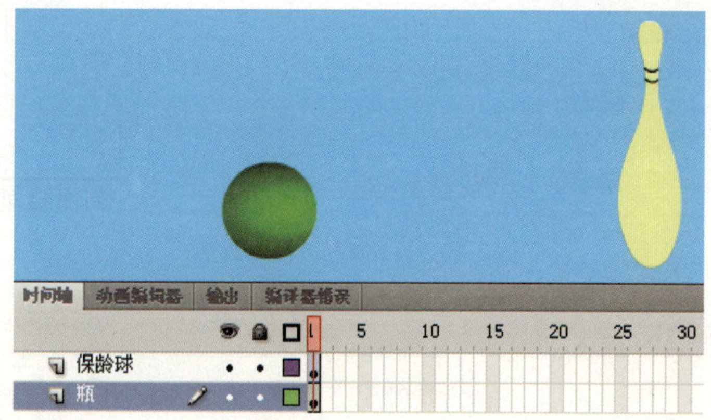

图 3-8　绘制动画成员

第 4 步：建立保龄球运动补间。点击“保龄球”图层的第 30 帧，按F6键插入关键帧，并将小球平移至球瓶的左边；再将光标放在第 2 ~ 29 帧之间的任意一帧上，按鼠标右键弹出菜单，选择“创建传统补间”，时间轴上即出现一个从第 2 帧指向第 29 帧的实线箭头，如图 3-9 所示；

第 5 步：编辑球瓶被击倒状。点击“瓶”图层的第 30 帧，按F6键插入关键帧，选择任意变形工具，将球瓶向右旋转 90 度呈击倒状，如图 3-9 所示；

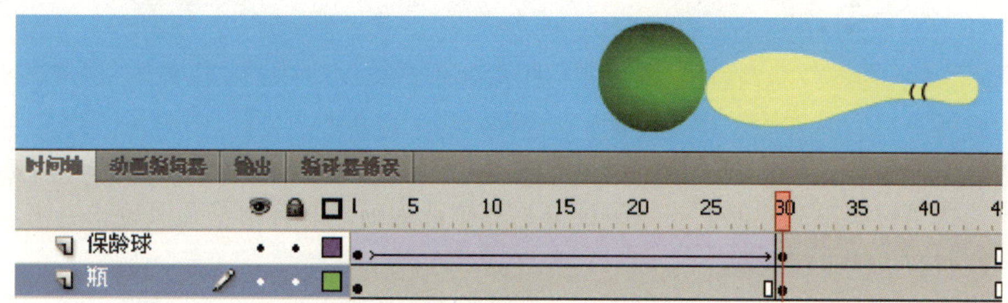

图 3-9　保龄球击中球瓶

第 6 步：预览动画。选择下拉菜单【控制】→【测试影片】，即可预览击打保龄球的运动补间动画。

3.2.2　旋转运动补间

在例 3-4 动画中小球是水平移动到球瓶的旁边，而不是滚动到球瓶旁，因此动画不够真实，为此增加如下步骤：

第 7 步：设置小球旋转。点击“保龄球”图层的第 1 帧，在“属性”面板的“补间”一栏中设置“旋转”为“顺时针”，“旋转次数”值设为“5”，即让小球滚动 5 圈时到达球瓶边；

第 8 步：添加缓动效果。点击“缓动”右边的“编辑缓动”图标按钮，如图 3-10 所示，打开“自定义缓入 / 缓出”界面，这里横坐标为补间的帧数，纵坐标为补间的速率，调整曲线可设置动画的缓动效果。在本例中，应设置小球开始运动快，逐渐变慢，为此

图 3-10 设置旋转及缓动效果

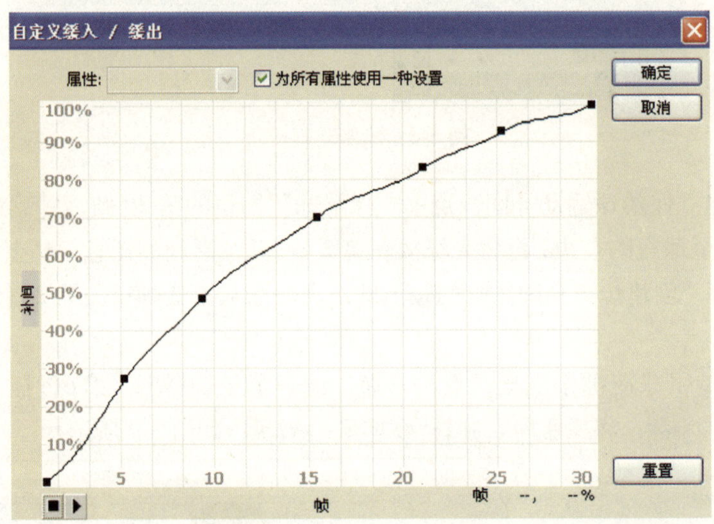

图 3-11 自定义小球缓动

点击曲线增加控点，移动曲线如图 3-11 所示。

再选择下拉菜单【控制】→【测试影片】测试动画，即可预览到保龄球由快至慢地滚动到球瓶旁边的动画效果。

在“自定义缓入 / 缓出”对话框中，若不勾选“为所有属性使用一种设置”，也可在“属性”中选择某一个属性（如位置、颜色或滤镜等）进行单独缓动设置。

【例 3-5】创作一段单摆球摆动的动画。

分析：在小球摆动装置中，摆线吊住小球，随小球一起摆动，而悬挂小球的横梁是不动的，因此本例中运动的摆线和小球与静止的横梁应分别放在不同的图层中，而小球和摆线则需组合在一起。

第 1 步：新建文档。选择下拉菜单【文件】→【新建】建立一个新文档，点击“属性”面板中“编辑”弹出“文档属性”对话框，设置舞台尺寸“宽”为“300 像素”、“高”为“300 像素”，设置“背景颜色”为浅蓝色；点击下拉菜单【文件】→【保存】，保存文件名为“SL3-5.fla”；

第 2 步：绘制横梁。将“图层 1”更名为“横梁”。点击矩形工具、选择笔触颜色“无”、填充色为“线性”、绘制模式为“合并绘制”，在第 1 帧上绘制一个长方形，如图 3-12a 所示；

第 3 步：改变横梁颜色渐变方向。点击渐变变形工具，单击矩形后出现三个控点，将鼠标移至矩形右上角的圆形控点上，指针变成状，按下鼠标使渐变色顺时针旋转 90°，如图 3-12b 所示，再用鼠标点击矩形下方的方形控点并向上移动至横梁下边线的位置，如图 3-12c 所示；

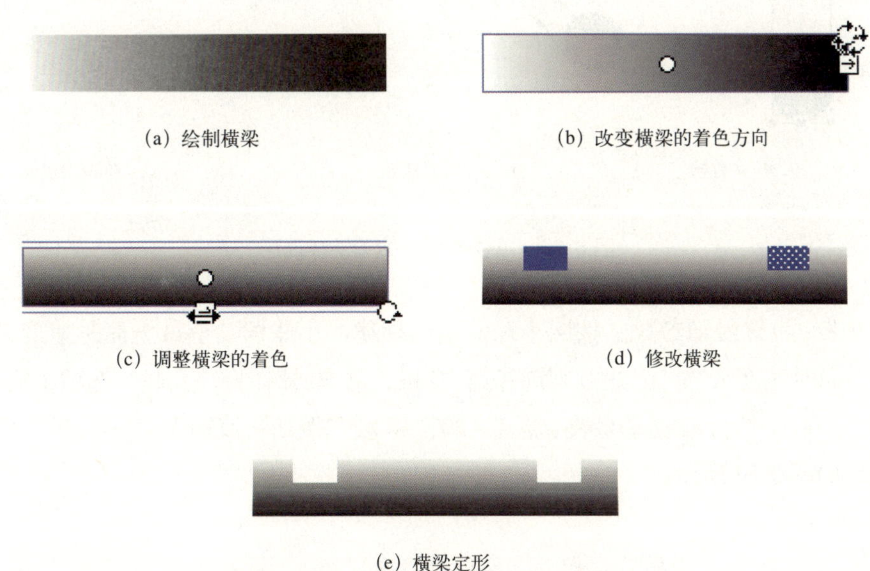

(a) 绘制横梁　(b) 改变横梁的着色方向

(c) 调整横梁的着色　(d) 修改横梁

(e) 横梁定形

图 3-12　横梁的绘制与编辑过程

第 4 步：修改横梁。点击矩形绘制工具，选择笔触颜色无、填充色为蓝色，在横梁的一端绘制一个小矩形，再复制一个放在另一端（图 3-12d），调整好位置后，点击空白处，再选择两小矩形，按Delete键删去，从而确定横梁的最终形状如图 3-12e 所示；

第 5 步：绘制小球与摆线。点击图层左下角的“新建图层”按钮，添加图层 2，并更名为“小球”；选择椭圆工具、笔触颜色为、填充色为，按下Shift键，绘制一个正圆；再选择线条工具、笔触颜色为，“笔触高度”为“2”，绘制出摆线；

第 6 步：组合补间对象。点击“小球”图层的第 1 帧，同时选中摆线和小球，单击下拉菜单【修改】→【组合】，将小球和摆线组合在一起，如图 3-13a 所示；

第 7 步：建立补间。选中小球和摆线，点击任意变形工具，将变形中心点移至摆线上端；鼠标指针放在第 1 帧上，按鼠标右键弹出菜单，选择“创建传统补间”，并分别在第 10、20、30、40 帧按F6键插入关键帧；

第 8 步：调整小球摆动的关键帧。选中第 10 帧，点击任意变形工具，将小球向左旋转至最高点定位（图 3-13b）；同理，选中第 30 帧，点击任意变形工具，将小球向右旋转至最高点定位（图 3-13c）；

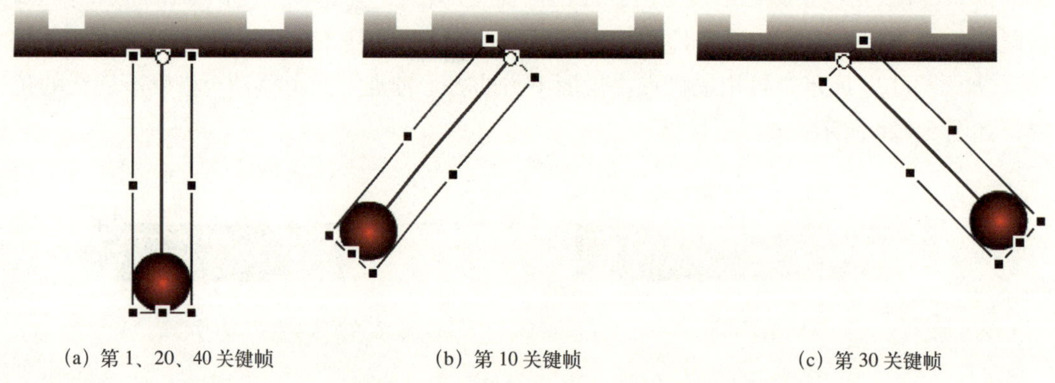

图 3-13　单摆球摆动的关键帧设计

第 9 步：设置缓动参数。按照小球的运动规律，小球摆动至最上面时速度最慢，摆动到最下面时速度最快，因此分别选择第 10 帧、第 30 帧，将“补间”选项中的“缓动”值输入“-100”，令小球摆动最慢；第 1、20、40 帧“缓动”值输入“+ 100”，令小球摆动最快，如图 3-14 所示；

图 3-14　设置第 10、30 帧小球的“缓动”效果

第 10 步：测试动画效果。选择下拉菜单【控制】→【测试影片】预览单摆球摆动的动画效果。

需要强调的是，在添加补间动画的关键帧之前，先要将变形中心点移动到摆线上端，否则需逐帧设置；若变形中心点不一致会导致小球摆动的动画失败。

3.3　补间形状动画

补间形状动画是确定初始帧中对象的形状与结束帧中对象的另一个形状以及形变延续的时间，由计算机自动生成过渡效果的一种变形动画。在对象形变的过程中，除了图形发生改变之外，也可以加入图形的位置、大小以及颜色的渐变效果。

3.3.1　常见的补间形状动画

【例 3-6】创作一段“五环”变“五星”的渐变动画。

第 1 步：新建文档。新建一个 Flash 文档后，选择下拉菜单【修改】→【文档】，弹出“文档属性”对话框，设置好文档属性。选择【文件】→【保存】，保存文件名为“SL3-6.fla”；

第 2 步：绘制初始帧的五环图案。选择基本椭圆工具，打开“属性”面板，在“椭圆选项”中将“内径”设为“84”，勾选“闭合路径”（“开始角度”和“结束角度”均为“0”），填充色为，按住Shift键在第 1 帧舞台上绘制一个圆环，复制后摆放为五环的形状，如图 3-15a 所示；填充上所需颜色，最后将边线删去，如图 3-15b 所示；

第 3 步：绘制终止帧的五星。在第 25 帧按F6键插入一个关键帧，按Delete键将五环删去；点击多角星形工具，打开“属性”中“选项”栏，弹出“工具设置”对话框，选择“星形”，绘制一个五角星，选用线条工具对角连线，并填充颜色，如图 3-15c 所示；

第 4 步：创建补间。将光标放在第 2 ~ 24 帧之间的任意一帧，按鼠标右键弹出菜单，选择“创建补间形状”，此时在时间轴上产生了一个由第 2 帧指向第 24 帧的实线箭头，表示设置了补间动画。图 3-15d 所示即为其中的第 7 帧过渡帧。

(a) 基本椭圆工具绘制五环　(b) 初始帧：绘制五环

(c) 终止帧：绘制五星　(d) 补间形状（过渡帧）

图 3-15　五环变五星的形状补间动画

第 5 步：测试动画。点击下拉菜单【控制】→【测试影片】即可生成一个“SL3-6.swf”的文件，同时预览该补间动画的运行效果。

【例 3-7】创作一段红旗飘舞的渐变动画。

第 1 步：新建一个文档。设置文档属性，选择下拉菜单【文件】→【保存】，保存文件名为“SL3-7.fla”；

第 2 步：绘制初始图形。双击“图层 1”更名为“红旗”，点击第 1 帧、选择矩形工具，选择笔触颜色为“无”，选择填充色为“红色”，在舞台上绘制一个长方形；在第 40 帧按F5键延长帧；

第 3 步：创建补间。将光标放在第 2 ~ 39 帧之间的任意一帧上，按下鼠标右键弹出菜单，选择“创建补间形状”，此时在时间轴上有一实线箭头，表示设置了补间动画；然后分别在第 10、20、30 和 40 帧按下F6键插入关键帧，如图 3-16 所示；

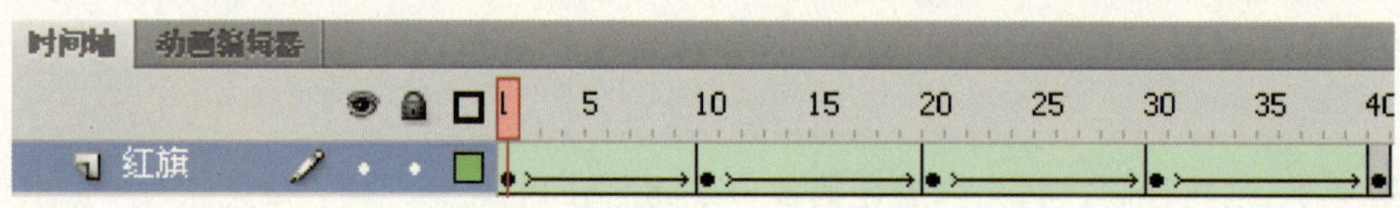

图 3-16　设置关键帧，创建补间

第 4 步：修改红旗飘舞的第 10 帧图形。单击第 10 帧，选择任意变形工具，点击“选项”中的“封套”图标，红旗四周出现多个圆形控点，将光标放在红旗上边的第三个控点上，当指针显示为状时，按下鼠标并向下拖动，如图 3-17a 所示，红旗上边缘成弯曲形状；同理，将红旗下边缘的相应控点也向下拖动，修改出红旗飘扬的图形，如图 3-17b 所示；

第 5 步：修改红旗飘舞的第 30 帧图形。单击第 30 帧，同样选择任意变形工具，点击封套图标，按住鼠标左键向上拖动红旗上边缘的第三个控点，将其调整为反向弯曲形状；同理，调整红旗的下边缘，如图 3-17c 所示，形成红旗飘动的另一个形状；

第 6 步：绘制旗杆。点击图层下方的“新建图层”，添加图层 2，并更名为“旗杆”，在第 1 帧利用矩形工具和椭圆工具绘制一个旗杆；点击第 40 帧，按F5键延长帧；

第 7 步：运行和修改动画。单击下拉菜单【控制】→【测试影片】，即可预览红旗飘飘的动画。根据红旗飘动情况可利用任意变形工具进一步调整之，如将第 10 帧和第 30 帧的红旗右侧稍向内缩进，并向上和向下扭曲，如图 3-17d 所示，最后运行效果如图 3-17e 所示。

另外还可根据需要适当增加或减少过渡帧，以减慢或加速红旗的飘动。

3.3.2　添加提示点补间形状动画

在动画变形过程中，有时会出现意料之外的图形分解结果，为此时需用到“添加形状提示”。如下例展示的三棱锥旋转动画，如果不添加提示点，三棱锥的各个棱面在形变过程中就会分解，从而直接导致动画设计的失败。

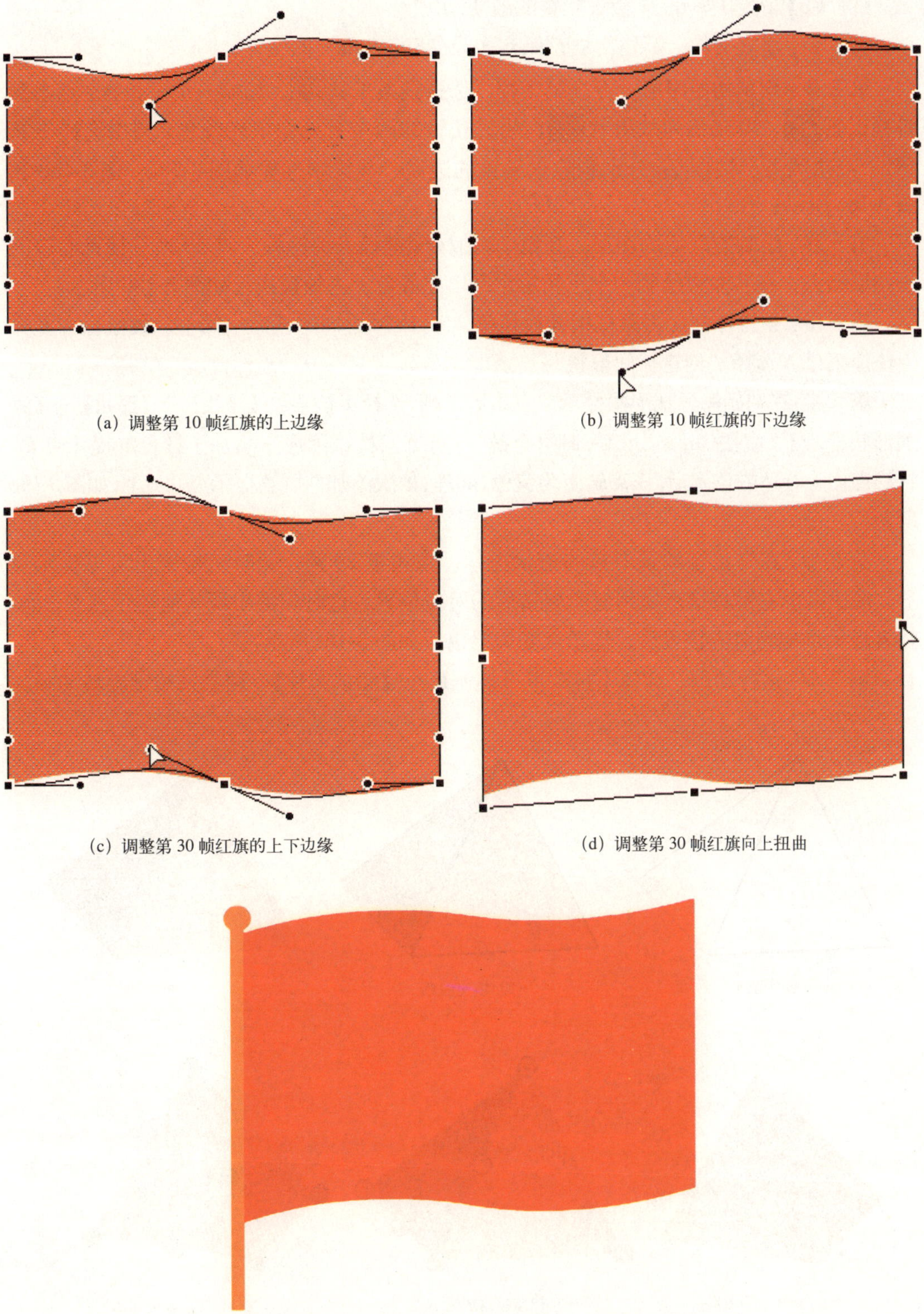

(a) 调整第 10 帧红旗的上边缘

(b) 调整第 10 帧红旗的下边缘

(c) 调整第 30 帧红旗的上下边缘

(d) 调整第 30 帧红旗向上扭曲

(e) 红旗飘飘的动画

图 3-17 利用任意变形工具编辑红旗飘扬的图形

【例 3-8】试创作一段三棱锥旋转的渐变动画。

第 1 步：建立文件。新建文档，保存名为“SL3-8.fla”的文件；

第 2 步：绘制初始图形。点击第 1 帧，选择线条工具，绘制一个三棱锥；点击颜料桶工具，填充色为放射状，为三棱锥的两个可见面填充颜色；利用选择工具，点击线条，按Delete分别删除三棱锥的边线，其绘制过程如图 3-18a、图 3-18b 和图 3-18c 所示；

第 3 步：绘制旋转后的图形。在第 20 帧按F6键插入关键帧，将 20 帧三棱锥右边的三角形删去，在其左边绘制一个三角形，并填充颜色、去掉棱线，如图 3-18d 所示；

第 4 步：创建补间。将鼠标指针放在第 2 ~ 19 帧之间的任意一帧上，按鼠标右键弹出快捷菜单，选择“创建补间形状”；

第 5 步：在初始帧添加形状提示。点击第 1 帧，选择下拉菜单【修改】→【形状】→【添加形状提示】（或按Ctrl + Shift + H组合键），可见三棱锥图形上添加了红色的提示点ⓐ，将该点移至合适的位置后，该点转变为黄色；同理，依次添加并调整提示点ⓑ ~ ⓕ，如图 3-18e 所示；

第 6 步：在终止帧放置对应的形状提示。点击第 20 帧，此时三棱锥上可见提示点ⓕ，按住鼠标左键将该点拖到对象旋转后的对应位置，这时相继出现其他提示点ⓔ ~ ⓐ，将各提示点拖到对应位置后，提示点变为绿色，如图 3-18f 所示；

第 7 步：运行动画。选择下拉菜单【控制】→【测试影片】，预览三棱锥旋转动画。

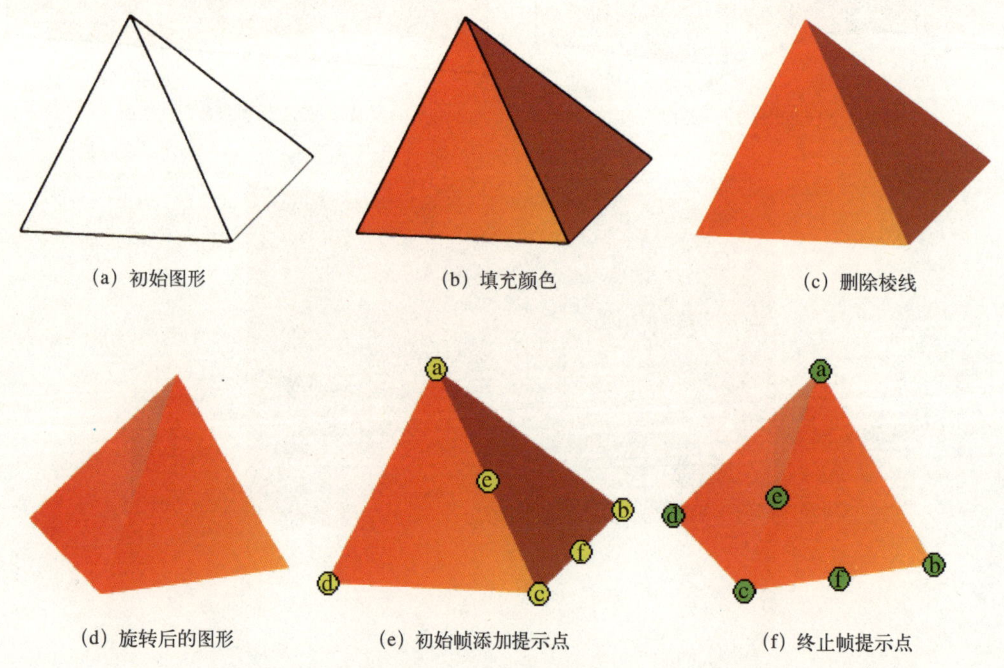

图 3-18 旋转的三棱锥

3.4 补间动画

Flash CS4 补间动画的对象类型包括影片剪辑、图形和按钮元件以及文本字段。可补间的对象属性包括：2DX 和 2DY 位置、3DZ 位置（仅限影片剪辑）；2D 旋转（绕 Z 轴）、3DX、3DY 和 3DZ 旋转（仅限影片剪辑）；X、Y 方向的倾斜和缩放；颜色效果及滤镜属性等。创建补间后，可以利用工具栏的工具对路径进行编辑，也可以设置对象的各种属性或利用动画编辑器编辑各个关键帧。

"补间范围"是时间轴中的一组帧，补间对象的一个或多个属性可以随时间而改变；"属性关键帧"是补间范围中为补间对象定义一个或多个属性值的帧，定义的每个属性都有它自己的属性关键帧。

补间动画与传统补间动画的主要区别在于：补间动画只能具有一个与之关联的对象实例，并使用属性关键帧，而传统补间动画使用关键帧；在应用补间动画时，补间动画会将不支持的补间类型都转换为影片剪辑，而传统补间动画需将其组合或转换为图形元件；补间动画将文本对象视为可补间的类型，不需转换为影片剪辑，而传统补间动画会将其转换为图形元件；补间动画可以为 3D 对象创建动画效果，可以保存为动画预设，而传统补间动画不能。

3.4.1 创建补间动画

当需要对某个对象设置补间动画时，必须先选定该对象。若该图层上只有这个对象，则该图层自动变换为补间图层；若该图层上还有其他对象，则系统会根据选定对象的位置，自动创建新的图层：将选定的对象单独建立在一个图层上，并将该图层转变为补间图层；在补间图层上再建立一个图层，将位于该对象上层的所有对象放在该图层中，下面以实例说明。

【例 3-9】试创作一段汽车在公路上行驶的补间动画。

第 1 步：图形绘制。首先在舞台上"图层 1"的第 1 帧分别先后绘制出几个图形：地形图、汽车、建筑和山峰；选择下拉菜单【修改】→【组合】将汽车组合为一体，同理，将建筑和山峰进行组合，如图 3-19 所示；

第 2 步：选择补间对象。点击选择工具，鼠标右键单击汽车后，弹出快捷菜单，选择"创建补间动画"，如图 3-20a 所示；此时因汽车不是可补间的类型，则出现如图 3-20b 所示的对话框；

第 3 步：创建补间。单击确定按钮后，时间轴由原来的一层变为三层："图层 1"是最先绘制的地形图；"图层 3"是最后绘制的建筑和山峰图形；"图层 2"是要进行补间动画的汽车图形，该层自动增加了补间帧的范围，"图层 2"的标识变为，汽车已自动转换成影片剪辑元件，如图 3-21 所示；

第 4 步：调整补间时间。将鼠标放在时间轴补间范围右边并按下向右拖动，可延长补间时间，如图 3-22 所示；将鼠标放在时间轴补间范围左边并按下向右拖动，可更改补间的起始帧，如图 3-23 所示；

将“图层 2”的补间范围增加到 55 帧，并分别在“图层 1”和“图层 3”的第 55 帧按F5键以延长帧；

图 3-19　绘制舞台上的图形

（a）创建补间动画

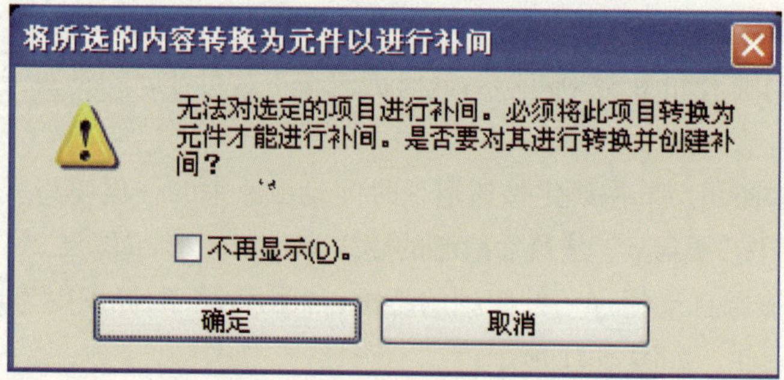

（b）提示对话框

图 3-20　创建补间动画的过程与提示

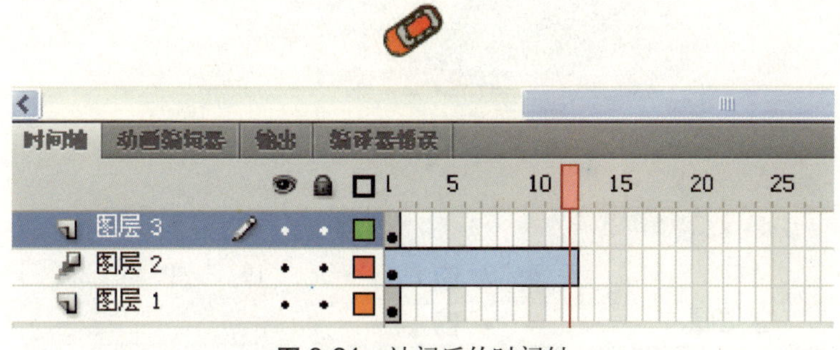

图 3-21　补间后的时间轴

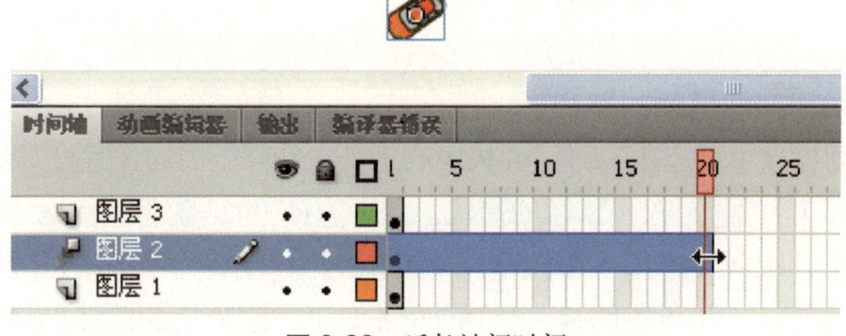

图 3-22　延长补间时间

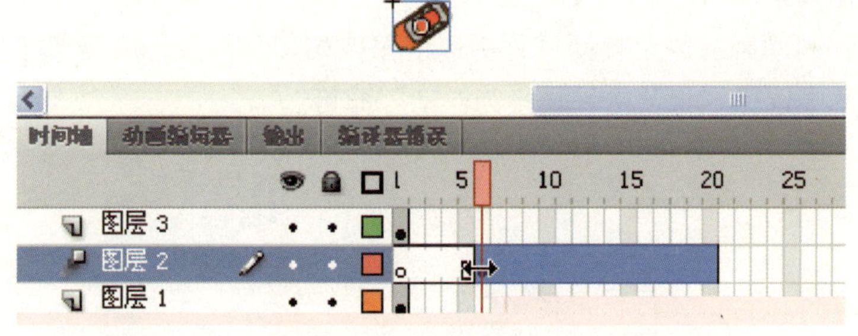

图 3-23　更改补间起始点

第 5 步：设置补间属性关键帧。将播放头放到补间范围的某帧，鼠标点击汽车对象并拖动，在舞台上将显示一个补间运动的路径，该补间路径上有多个小圆点，每一个圆点表示一帧；播放头所在的帧以“ ”表示该属性关键帧；可在补间范围设置多个类似的属性关键帧，如图 3-24 所示；

在点击补间属性关键帧后，再选择汽车对象移动，可将其沿地形图的“8”字路径逐段移动；

第 6 步：预览动画。选择下拉菜单【控制】→【测试影片】预览动画效果，此时汽车的移动轨迹是沿公路中线的折线段（即逐段直线运动）。

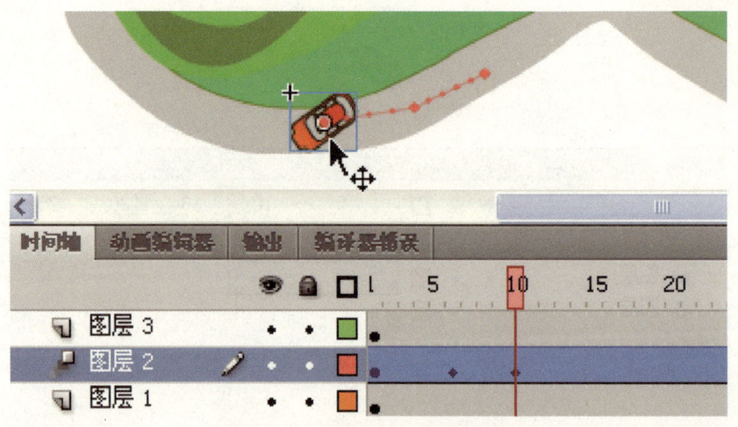

图 3-24 设置对象运动的路径

3.4.2 编辑补间运动的路径

在上例动画设计中可选择“工具”面板中的工具在补间范围的任意帧对路径进行编辑，如点击任意变形工具来改变路径的形状、点击选择工具将直线路径转为曲线路径等。现利用选择工具将例 3-9 中汽车行驶的直线路径编辑为曲线路径，如图 3-25 所示。

若要删除路径，直接点击路径，按Delete键即可，删除后的路径属性关键帧会自动清除；也可在另一层绘制好路径，粘贴到运动补间层作为补间运动的路径。

补间运动路径的起始点和终止点可进行交换，此时只需右键单击补间范围，在弹出快捷菜单中选择【运动路径】→【反向路径】即可。

若要运动补间动画在整个补间过程中速度保持均匀，可鼠标右键单击补间范围，在弹出的快捷菜单中选择“将关键帧转换为浮动”即可。

图 3-25 编辑补间运动的路径

3.4.3 利用属性面板编辑运动对象和路径

选定补间运动的对象，利用"属性"面板可设置其不同的属性，如"位置和大小"、"3D定位和查看"、"色彩效果"、"显示"及"滤镜"等，如图3-26a所示；选定补间运动的路径，可设置对象的"缓动"效果、"旋转"、"路径"的大小及"选项"等，如图3-26b所示。

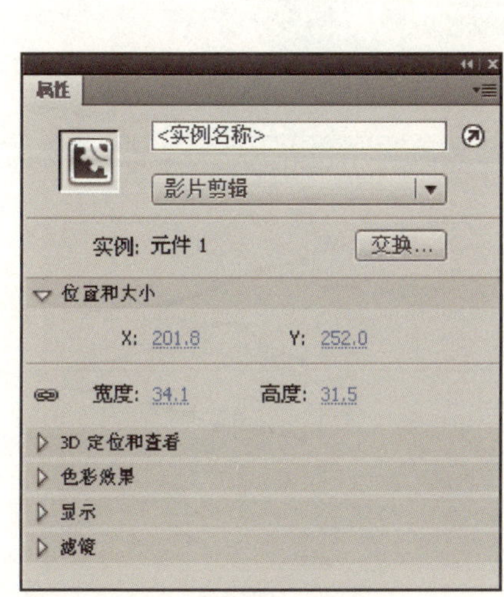

(a) 编辑运动对象

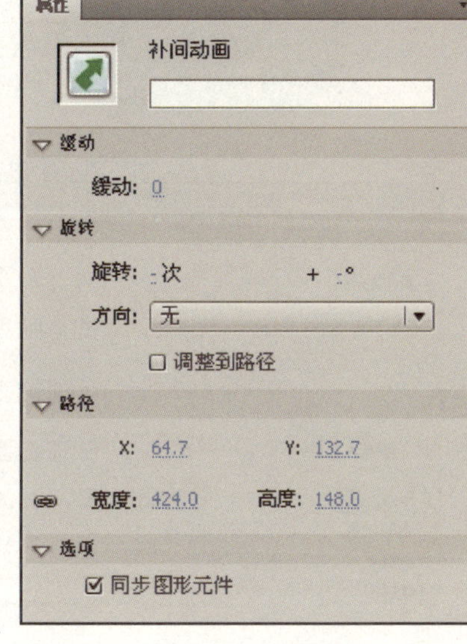

(b) 编辑运动路径

图3-26 属性面板编辑运动对象和路径界面

3.4.4 动画编辑器操作

"动画编辑器"是Flash CS4新增功能面板。利用该面板可查看所有补间属性及属性关键帧，并提供了向补间添加精度和详细信息的工具。

在舞台上选择运动补间对象后，点击时间轴右边的"动画编辑器"，可打开"编辑器面板"对补间对象进行编辑（图3-27），其主要的编辑操作有：

设置各属性关键帧的值（若为浮动关键帧，则"属性"关键帧显示为圆点，若为非浮动关键帧，则"属性"关键帧显示为方形）；

移动、添加或删除各属性曲线关键帧：按下鼠标左键，直接拖动属性关键帧到所需位置；按下鼠标右键，可添加或删除关键帧；

"转换"各属性关键帧：点击选择增加属性关键帧，设置对象X、Y方向的倾斜、缩放等操作；

添加"色彩效果"、添加"滤镜"效果；

设置补间动画的"缓动"属性等。

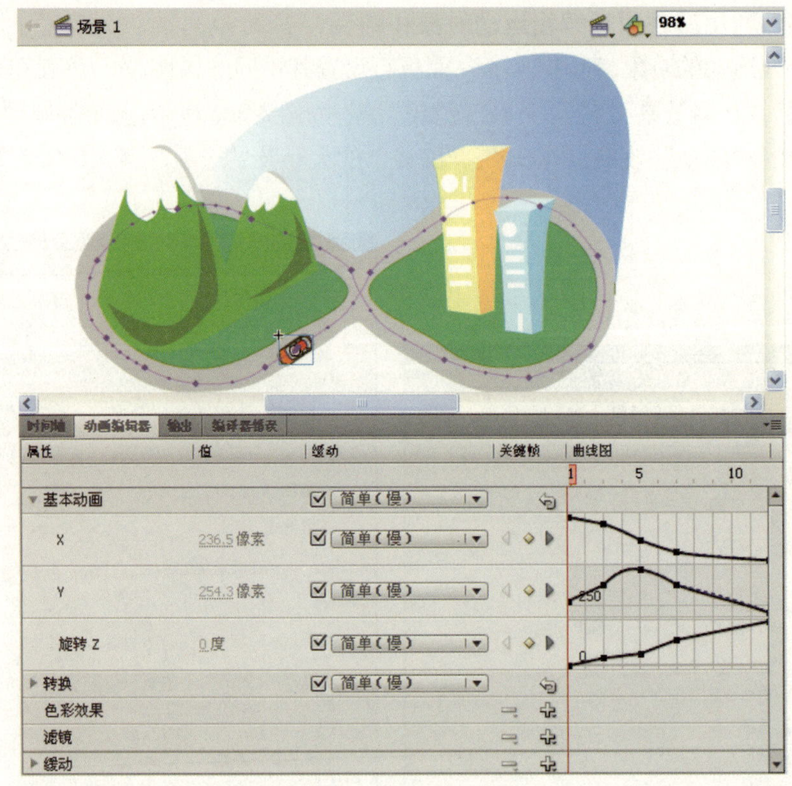

图 3-27　动画编辑器操作

3. 4. 5　应用动画预设

应用动画预设是 Flash CS4 的新功能。Flash CS4 内置了 30 多种默认的动画预设，供用户快速地应用到各种对象上；用户也可以根据需要创建自定义预设，将调整好的动画保存为动画预设，省去了为不同元素反复制作同一动画效果的麻烦。动画预设可供他人导入导出共享使用。

选择下拉菜单【窗口】→【动画预设】即可打开“动画预设”面板，如图 3-28 所示。

预览动画预设：展开“默认预设”文件夹，选择其中一种，即可在顶部预览到该动画的效果；

应用动画预设：首先选中要应用动画预设的对象，再选择“动画预设”面板上的一种预设，单击“动画预设”面板右下方的“应用”按钮即可；

自定义动画预设：用户创建补间动画后，可将补间动画另存为自定义的动画预设，其方法是选定补间范围，或选中舞台上应用了自定义补间的对象，或选中舞台上的运动路径，再单击“动画预设”面板左下角的按钮“将选区另存为预设”，或按鼠标右键弹出菜单选择“另存为动画预设”，弹出如图 3-29 所示的“将预设另存为”对话框，在“预设名称”栏中输入预设动画的名称，点击“确定”按钮即可将当前的补间动画放入“自定义预设”文件夹中；

图 3-28　动画预设面板

图 3-29　“将预设另存为”对话框

导入和导出动画预设：可以选中“动画预设”面板中的一种预设，按下鼠标右键，选择“导出”弹出“另存为”对话框，键入 XML 文件名和存放的位置，单击“保存”即可完成导出预设；要从某个文件夹中导入预设，可单击“动画预设”面板中右上角的按钮，从弹出的菜单中选择“导入”，在弹出的“打开”对话框中选择所需的 XML 文件，单击“打开”按钮即可将选中的文件导入到“动画预设”面板中。

第4章 元件与库

Chapter Four

4.1 元件与库的概念

元件是存放在库中可以重复使用的图像、按钮或影片剪辑。在动画制作的过程中，设计者往往将一些需重复使用的特定的元素或动画转换成元件，以利于反复调用。元件的应用不仅可以大大地缩减文件的大小、加快动画的播放速度，还可以简化影片的编辑与修改。

每个元件都可以具有独立的时间轴、图层和场景。元件一旦建立，就自动存放在“库”中。

实例是元件在舞台上的具体体现。每个元件实例可以有不同的颜色和大小等，并提供各不相同的交互。对元件实例的更改并不影响其元件的变化；而对库中元件的更改，则会引发调用了该元件的所有元件实例的变化。

库是 Flash 的一个重要组成部分，用于存储、组织和管理在 Flash 中所创建的元件以及导入的各类文件（图像、声音等）。库中文件较多时可以建立文件夹，将元件分类存放。每个 Flash 影片拥有自己的元件库，点击下拉菜单【窗口】→【库】或【窗口】→【属性】均可打开库，也可按Ctrl+L组合键直接打开库。

选中库中某个元件并按下鼠标右键，弹出快捷菜单可对元件进行编辑（如“复制”、“删除”、“粘贴到其他文件库中”等操作）或更改其元件的属性等；双击某个元件可对其修改，此时舞台上引用的该元件也随之改变。

Flash 还提供了一个公用库，公用库中提供了一些标准的元件供用户使用，点击下拉菜单【窗口】→【公用库】即可打开公用库以选择所需的元件。

4.2 元件的类型

Flash CS4 创建的元件有多种类型，常用的有以下三种：

(1) 图形元件：图形元件为静态图像，用来创建反复使用的图形或动画片段，是依赖于时间轴的动画。图形元件与主时间轴是同步运行的。由于图形元件是静态的，所以不能使用声音和其他交互控件。

(2) 影片剪辑元件：影片剪辑元件是可重复使用的一段独立的 Flash 电影，与舞台的时间轴无关。因此，可看作是主时间轴内的嵌套时间轴。它可以包含有交互式控件、声音、影片等。

(3) 按钮元件：按钮元件具有交互功能，可以响应相关的鼠标事件（Up、Over、Down），当对应的鼠标事件发生时，按钮元件可以使影片跳转到事先设置的帧或者调用相应的影片文件。

4.3 图形元件

4.3.1 建立图形元件

建立图形元件有两种方法：

(1) 当舞台上没有任何对象时，可点击下拉菜单【插入】→【新建元件】，弹出“创建新元件”对话框，在“类型”栏选择“图形”即进入图形元件的绘制和编辑工作；

(2) 当舞台上已有图形对象时，可选取其中一个或多个对象，然后作如下操作：

①选择下拉菜单【修改】→【转换为元件】，弹出“转换为元件”对话框，选择元件类型为“图形”，将它们转换为图形元件；

②直接将所选对象从设计区拖入到当前“库”中，弹出“转换为元件”对话框，选择元件类型为“图形”，将它们转换为图形元件；

③鼠标右击对象，弹出快捷菜单，选择“转换为元件”命令，弹出“转换为元件”对话框，选择元件类型为“图形”，将它们转换为图形元件；

弹出“创建新元件”或“转换为元件”对话框后，点击“图形”选项，按“确定”按钮后即在库中建立了一个图形元件，下面以实例来加以说明。

【例 4-1】 建立和使用“星”图形元件。

第 1 步：建立文档。新建一个文件，存为“SL4-1.fla”；

第 2 步：建立元件。点击下拉菜单【插入】→【新建元件】，弹出“创建新元件”对话框，在“名称”栏中输入“星”，选择“类型”为“图形”，点击“确定”按钮后，工作区的左上角“场景 1”旁添加了一个“星”图标，表示系统已进入图形元件“星”的编辑，同时库中增加了一个名为“星”的图形元件，如图 4-1 所示；

第 3 步：绘制元件图形。选择“多角星工具”，在“属性”面板上点击“选项”进入“工具设置”：选择“样式”为“星形”、“边数”为“8”，“星形顶点大小”为“0.10”（图 4-2a），在第 1 帧绘制一颗星；此时在“库”面板上方可以看到“星”元件的图形（图 4-2b）；

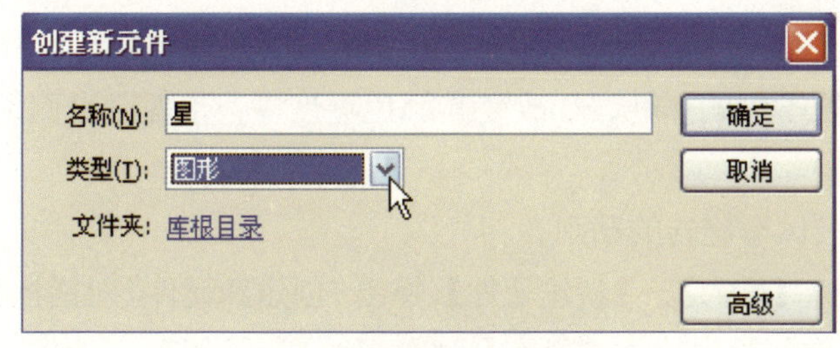

(a) “创建新元件”对话框

(b) 工作区左上角呈现的图标

图 4-1 建立一个星形图案的图形元件

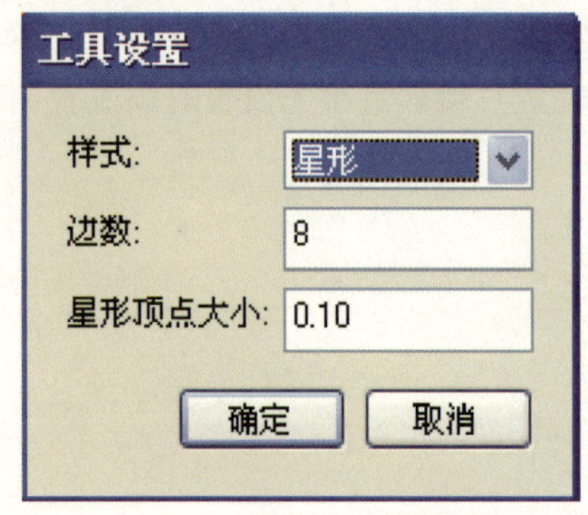

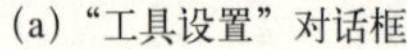

(a)“工具设置”对话框

(b)库中星元件的图形

图 4-2　绘制星元件

第 4 步：将元件放入舞台上。点击“场景 1”，此时舞台上什么都没有，这是因为刚才建立的“星”元件是放在“库”中的；鼠标左键点击“库”中的“星”元件将其拖曳到舞台上；再次拖动或复制粘贴该元件舞台上会出现第二颗星，如图 4-3a 所示；

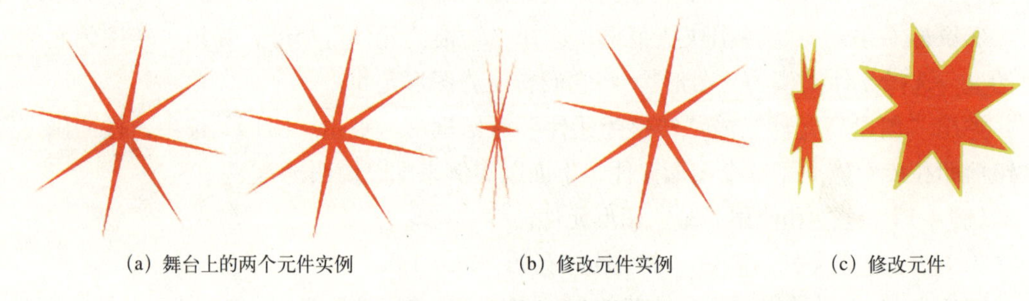

(a)舞台上的两个元件实例　(b)修改元件实例　(c)修改元件

图 4-3　元件与实例的应用

第 5 步：修改元件实例。点击舞台上的一颗星，选择任意变形工具，使其倾斜变形，而另一颗星却没有任何变化，这是因为放在舞台上的元件为实例，而实例的改变是不会影响其元件的变化，如图 4-3b 所示；

第 6 步：修改元件。更改“库”中的“星”元件，可在舞台上双击该元件实例，或双击“库”中的元件，进入到元件编辑状态，对“星”元件进行修改，则舞台上两个星元件实例都随之发生变化，如图 4-3c 所示。

4.3.2　调整元件实例的属性

可对舞台上的图形元件实例设置不同的属性，如改变其颜色亮度等，下面以案例说明之。

【例 4-2】运用图形元件创作一段风车旋转的动画。

第 1 步：建立元件。点击下拉菜单【插入】→【新建元件】，弹出“创建新元件”对话框，选择元件“类型”为“图形”，“名称”栏中输入“风车”，按“确定”按钮后，工作区的左上角“场景 1”旁添加了一个图标“风车”，表示已进入图形元件“风车”的编辑；

第 2 步：绘制风车的一片扇叶。利用线条工具 和选择工具 在舞台上绘制出风车扇叶的轮廓（图 4-4a），然后利用颜料桶工具 进行颜色填充（图 4-4b），再利用选择工具 删除风车扇叶的轮廓（图 4-4c），绘制风车扇叶过程如图 4-4 所示；

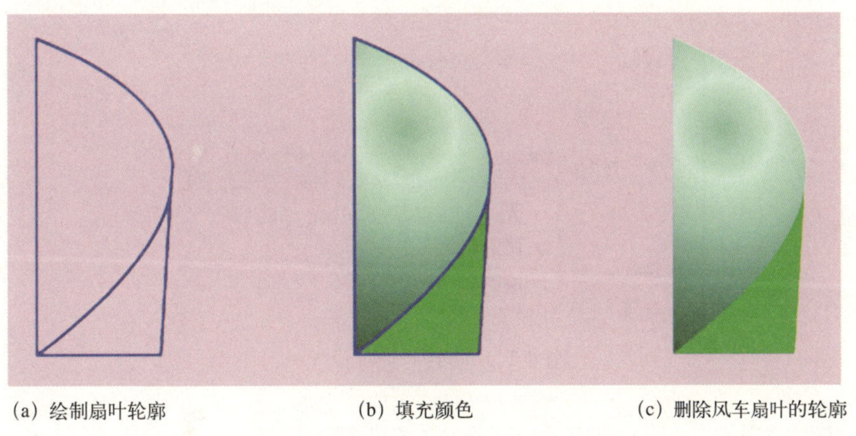

(a) 绘制扇叶轮廓　　(b) 填充颜色　　(c) 删除风车扇叶的轮廓

图 4-4　绘制风车扇叶过程

第 3 步：完成整个风车的绘制。选中整片风车扇叶，点击任意变形工具 ，并将变形中心点移至扇叶的左下角，选择下拉菜单【窗口】→【变形】，打开“变形”面板，点击“旋转”选项，输入数字“90”表示旋转角度为 90°，再选择右下角的“重制选区和变形” 按钮，连续点击三下，复制出完整的风车图案，如图 4-5 所示；

(a) 设置“变形”面板参数　　(b) 复制出完整的风车图案

图 4-5　利用任意变形工具及变形面板复制出完整的风车图案

第 4 步：建立元件的补间动画。选中整个风车，在第 20 帧按F6键插入关键帧，将指针放在第 2~19 帧之间的任意一帧，单击鼠标右键，弹出快捷菜单，选择“创建传统补间”设置运动补间；将“属性”面板的“旋转”选项中的“旋转”置为“1”次，“方向”设为“顺时针”，至此转动的图形元件“风车”制作完成；

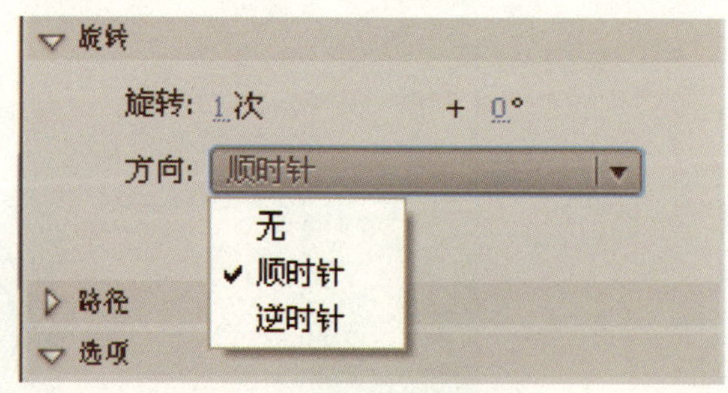

图 4-6 “旋转”选项设置

第 5 步：将“风车”元件放到舞台上。点击“场景 1”回到舞台；将“图层 1”更名为“风车”，点击“风车”层的第 1 帧，将“库”面板上的“风车”元件拖至舞台上，并选择任意变形工具调整其大小；将舞台上的风车复制两次，或重复两次从库中拖入“风车”元件，此时舞台上有了 3 个同样的风车元件实例；

第 6 步：更改元件实例的颜色。选择其中一个风车，打开“属性”面板上的“色彩效果”，点击“样式”下拉选项，可改变实例的“亮度”、“色调”、“alpha”值等，如图 4-7a 所示。本例选择“色调”样式，如图 4-7b 所示调整其值，这时选定的风车颜色变为蓝色；

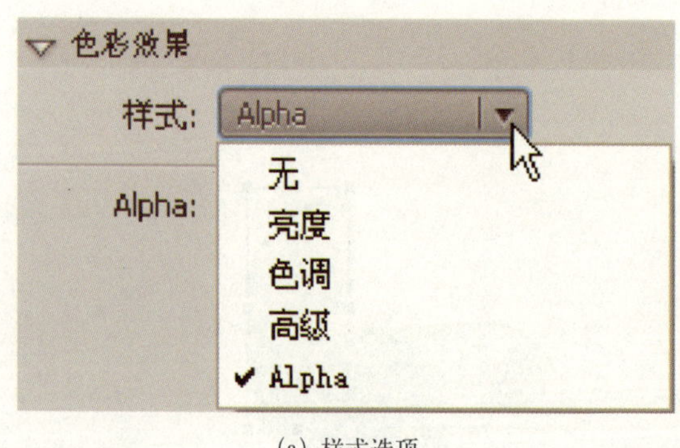

(a) 样式选项

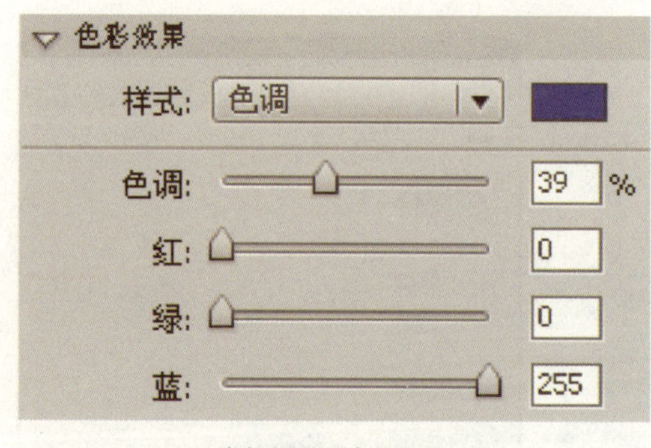

(b) 调整“色调”值

图 4-7 更改元件实例“属性”面板上的“色彩效果”

第 7 步：更改另一元件实例的颜色。选择另外的一个风车，重复上一步过程，对其颜色进行更改；

第 8 步：绘制风车手柄。添加“图层 2”，更名为“手柄”，单击第 1 帧，为三个风车绘制风车手柄，然后将“手柄”层拖至“风车”层的下方；

第 9 步：测试并完善动画。此时测试动画，风车是不转动的，这是因为主时间轴中

图 4-8　延长主时间轴

只有一帧，而图形元件是与主时间轴同步的，也只能显示一帧，因此需在主时间轴上单击图层的第 20 帧，按F5键延长（图 4-8）；

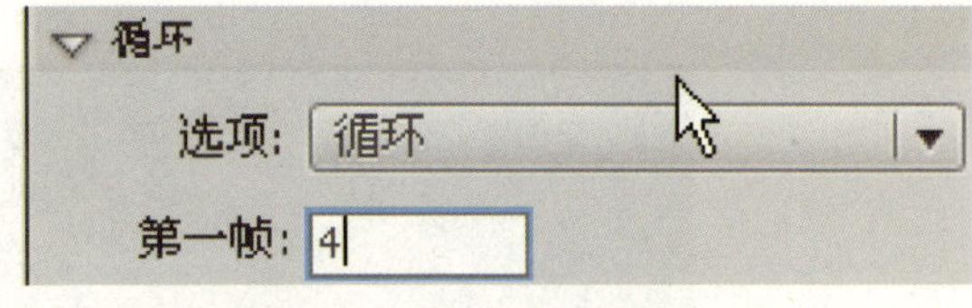

图 4-9　调整风车的起始位置

第 10 步：调整风车的起始位置。这时再测试运行动画，风车旋转，但三个风车的扇叶旋转完全同步，不够自然。为此可选择中间的风车，调整"属性"面板中"循环"选项中的"第一帧"的帧数为"4"（图 4-9），调整右边风车的"第一帧"的帧数为"6"，使得风车运行时的扇叶起始位置各不相同。

风车动画的最终运行效果如图 4-10a 所示。

此时若将库"风车"元件更改为一朵花，则舞台上的所有旋转的风车变成旋转的花朵，如图 4-10b 所示。

(a) 旋转的风车

(b)"风车"元件修改为花朵

图 4-10　图形元件的应用

4.3.3　位图转换为图形元件

从下拉菜单中导入的外部文件图形也可转换成图形元件。选择下拉菜单【文件】→【导入】→【导入到舞台】，将位图导入到舞台，同时该图形也导入到了"库"中。点击舞台上的图片，选择下拉菜单【修改】→【转换为元件】，弹出"转换为元件"对话框，设置"图形"元件类型后，按下"确定"按钮即可将导入到舞台上的图片转换成元件。

【例 4-3】 图形的淡入、淡出切换。

第 1 步：导入图形。新建一个文件，选择下拉菜单【文件】→【导入】→【导入到舞台】，选择一张上海世博会“中国馆”图片导入，并利用任意变形工具调整其大小；

第 2 步：转换图片。选中图片，点击下拉菜单【修改】→【转换为元件】，弹出“转换为元件”对话框，设置元件“类型”为“图形”，元件“名称”为“中国馆”，按下“确定”按钮；

图 4-11　将“中国馆”图片导入到舞台

第 3 步：点击第 15 帧，按F6键插入关键帧，将指针放在第 2 至 14 帧中的任意一帧，单击鼠标右键，在弹出的快捷菜单选择“创建传统补间”设置补间动画；选择第 1 帧，点击图片，这时将“属性”面板“色彩效果”中的“样式”选项“Alpha”值设为“0”（图 4-12）；选择第 15 帧，点击图片，将“Alpha”值设为“100”，至此图形“中国馆 ”淡入效果设置完成；在第 20 帧插入关键帧，使“中国馆 ”连续显示 5 帧；

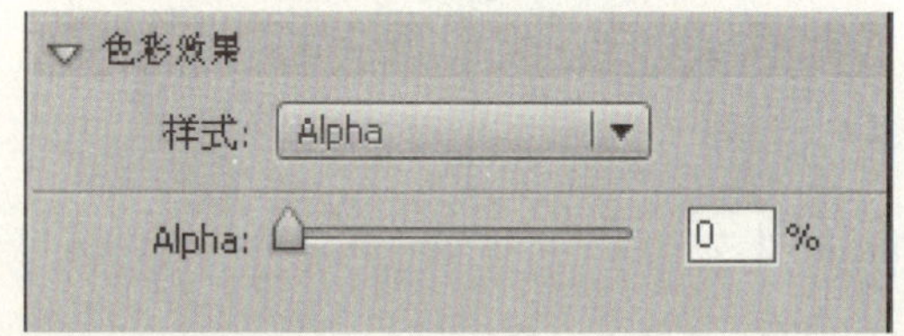

图 4-12　“色彩效果”选项中“Alpha”样式的更改

第 4 步：在第 35 帧插入关键帧，点击图片将“Alpha”值又设为“0”，将指针放在第 21 至 34 帧中的任意一帧，单击鼠标右键，选择“创建传统补间”设置补间动画，完成“中国馆 ”图形的淡出设置；

第 5 步：在第 36 帧按F7键插入空白关键帧，导入另一幅图片“中国航空馆”，转换为元件“中国航空馆”，在第 37 帧到 69 帧之间，重复第 3 步到第 4 步操作，完成“中国航空馆”图形元件淡入、淡出的设置，其时间轴如图 4-14 所示。

至此“中国馆 ”转换为“中国航空馆”图片的淡入、淡出切换动画完成。

图 4-13 导入“中国航空馆”图片

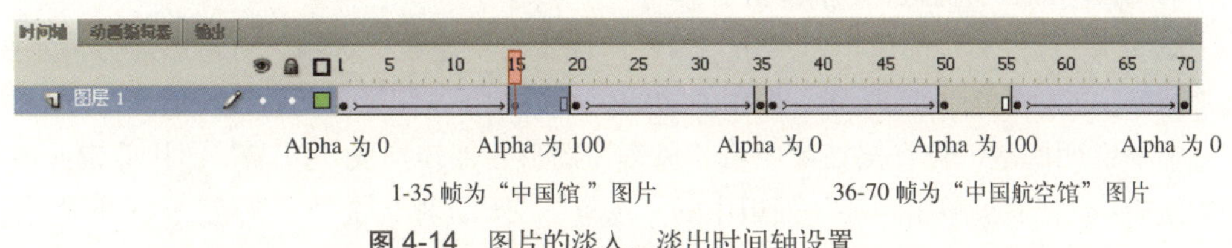

图 4-14 图片的淡入、淡出时间轴设置

4.4 影片剪辑元件

影片剪辑元件是具有独立时间线的电影片段或动画片段。它独立于主时间轴播放，即使主电影已经停止播放，但舞台上的影片剪辑元件仍然会继续运行。

4.4.1 影片剪辑元件的建立

影片剪辑元件（Movie Clip）的创建基本上与图形元件相同，下面以实例加以说明。

【例 4-4】“风车”影片剪辑元件的建立和使用。

在图形元件实例 4-2 中，旋转的风车建立为图形元件，在本例中，按照同样的方法，将旋转的风车创建为影片剪辑元件。

第 1 步：建立影片剪辑元件。新建一个文件，点击下拉菜单【插入】→【新建元件】，弹出“创建新元件”对话框，选择元件“类型”为“影片剪辑”，“名称”一栏中输入“风车”元件名称，如图 4-15a 所示，点击“确定”按钮后，工作区左上角的“场景 1”旁添加了一个“风车”图标，表示系统进入影片剪辑元件“风车”的编辑，如图 4-15b 所示。

第 2 步：制作影片剪辑元件。按照例 4-2 在舞台上绘制一个风车，然后设置补间动画，影片剪辑元件制作完成；

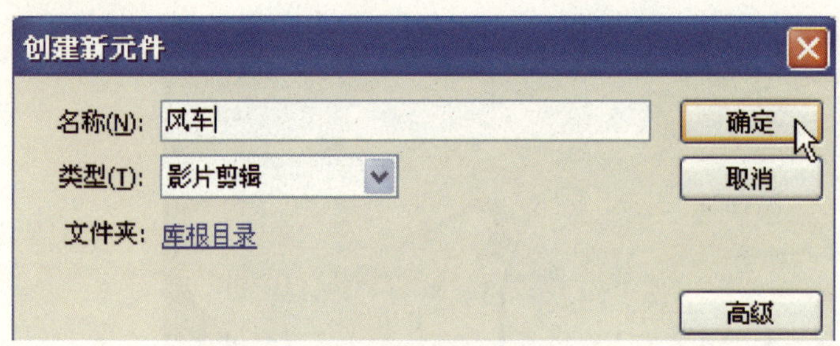

(a)“创建新元件”对话框

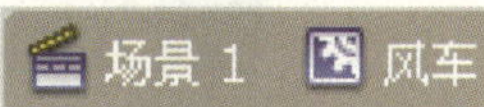

(b) 工作区左上角的显示

图 4-15　建立“影片剪辑”元件

第 3 步:测试动画。回到“场景 1”,点击第 1 帧,将“库”中的影片剪辑元件“风车”拖入到舞台上，调整其大小，点击下拉菜单【控制】→【测试影片】，风车旋转；此时主场景中仅第一帧放置了影片元件风车，可见影片剪辑元件是独立于主时间轴的；

第 4 步：调整影片剪辑元件。复制风车，并调整其大小，同样可调整风车影片剪辑元件的属性（颜色、亮度、Alpha 值等）；

第 5 步：选中右边的风车，点击“属性”面板上“滤镜”选项，可对影片剪辑元件添加滤镜功能，如图 4-16 所示，图中右边的风车添加了“阴影”的滤镜功能。

需要说明的是，可直接在库中将“风车”图形元件转换成“风车”影片剪辑元件，其方法为：鼠标右键单击“库”面板中的“风车”图形元件，选择“属性”，打开“元件属性”对话框，设置元件“类型”为“影片剪辑”即可。

图 4-16　影片剪辑元件

4.4.2　影片剪辑元件的嵌套

影片剪辑元件可以嵌套，即一个影片剪辑元件嵌套了另一个影片剪辑元件，这是 Flash 中最常用且较强大的功能之一。

【例 4-5】试创作“海底游动的小鱼”的影片剪辑嵌套动画。

分析：小鱼在游动时会不停地张嘴、摆尾，同时也会向前运动。本例先制作一个小鱼张嘴、摆尾的逐帧动画影片剪辑元件“fish”，再制作一个嵌套了“fish”的补间动画影片剪辑元件“fish move”，从而实现小鱼一边张嘴、摆尾，一边向前游动的动画。

第 1 步：建立“fish”影片剪辑元件。新建一个 Flash 文档，设置“文档属性”中的“背景”为 ；点击下拉菜单【插入】→【新建元件】，弹出“新建元件”对话框，选择元件“类型”为“影片剪辑”，“名称”一栏中输入元件名称“fish”，进入元件编辑；

第 2 步：绘制小鱼。在第 1 帧利用线条工具 、选择工具 和椭圆工具 绘制一条小鱼并填涂上喜欢的颜色；

第 3 步：小鱼逐帧动画制作。分别在第 2 帧和第 3 帧按 F6 建立关键帧，利用选择工具 将小鱼的嘴、尾巴和鱼鳍稍加改变，如图 4-17 所示；“fish”影片剪辑元件制作完成后，点击“场景 1”退出元件编辑；

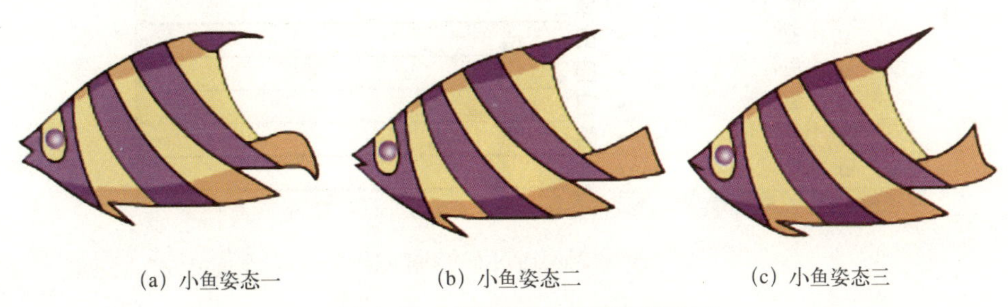

(a) 小鱼姿态一　(b) 小鱼姿态二　(c) 小鱼姿态三

图 4-17　小鱼张嘴、摆尾逐帧动画

第 4 步：建立“fish move”影片元件。点击下拉菜单【插入】→【新建元件】，弹出对话框，选择元件类型为“影片剪辑”，“名称”一栏中输入元件名称“fish move”，进入影片剪辑元件编辑；

第 5 步：建立小鱼运动补间动画。在第 1 帧，将库中“fish”影片剪辑元件拖入到舞台右侧，建立运动补间动画，在第 30 帧将“fish”拖入到舞台左侧，完成小鱼从舞台右侧游动到左侧的运动补间动画；为使小鱼游动逼真，需设置“缓动”，令小鱼快速游进，慢慢游出，“fish move”影片剪辑元件完成；

第 6 步：回到“场景 1”，将“图层 1”更名为“水草”，在第 1 帧绘制一幅水草背景图；

第 7 步：连续点击图层下面的“新建图层”图标，添加 5 个图层，分别更名为“小鱼 1”~“小鱼 5”；在每层上的不同帧分别从库中将“fish move”元件拖入到舞台右侧，依次调整其大小，并更改“属性”面板“色彩效果”中“样式”改变其“色调”，使得小鱼的大小、颜色各不相同；

第 8 步：将“小鱼 1”图层拖到“水草”层下面，使得“小鱼 1”在水草后面游动，以产生视觉上的层次感，其主时间轴如图 4-19a 所示；

第 9 步：测试运行动画。选择菜单【控制】→【测试影片】即可预览鱼群从右向左、先急后缓地游过，如图 4-19b 所示。

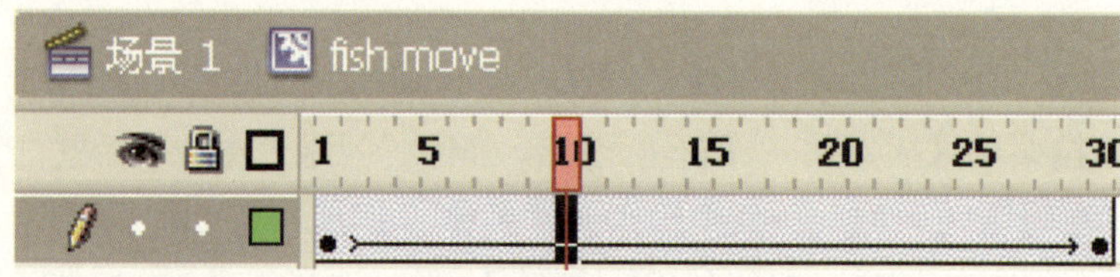

图 4-18　小鱼游动补间动画时间轴

（a）“海底游动的小鱼”主时间轴

（b）“海底游动的小鱼”运行画面

图 4-19　海底游动的小鱼

4.5 按 钮 元 件

Flash 中的大多数交互功能都是通过按钮元件来实现的。

4.5.1 按钮元件的建立

按钮元件的时间线不同于图形元件和影片剪辑元件，它只有 4 帧。按钮元件的时间轴并不会连续地播放这 4 帧，而是通过鼠标的动作作出相应的反应，即根据鼠标的不同状态跳转到相应的帧中。

按钮元件的时间轴中的 4 帧分别是：

“弹起”帧为处于正常状态下按钮的状态；

“指针经过”帧表示当鼠标移动到按钮区中按钮的状态；

“按下”帧表示在按钮区中按下鼠标左键时按钮的状态；

“点击”帧为按钮激活区，其图形不显示的，仅表示鼠标的作用范围。

下面用实例加以说明。

【例 4-6】 动态按钮的设计。

第 1 步：建立按钮元件。新建一个文档，选择下拉菜单【插入】→【新建元件】，弹出“创建新元件”对话框，选择元件“类型”为“按钮”，“名称”一栏中输入“开始”，点击“确定”后，“场景 1”旁添加了一个“开始”图标，表示进入按钮元件“开始”的编辑，如图 4-20 所示；

(a)“创建新元件”对话框

(b) 工作区左上角的显示

图 4-20 创建按钮元件

第 2 步：绘制“弹起”帧按钮。此时，按钮编辑的时间轴如图 4-21 所示。点击“图层 1”上的“弹起”帧，选择“椭圆工具”，设置笔触颜色为无，填充色为红色放射填充色，在舞台上绘制一个椭圆；点击“文本工具” T 输入文字“开始”，并将其移动至椭圆中间，如图 4-22a 所示；

第 3 步：编辑其他帧按钮。点击“指针经过”帧，按下F6键增加关键帧，将椭圆颜色改为绿色放射填充色，如图 4-22b 所示，表示鼠标指针位于按钮区时，按钮颜色由变为；在“按下”帧，按F6键增加关键帧，将椭圆颜色改为，如图 4-22c 所示，表示按下鼠标左键时，按钮颜色由变为；在“点击”帧按F5键延长帧，将鼠标的感应区设为按钮的大小；

第 4 步：测试按钮。回到“场景 1”，打开“库”面板，将“开始”按钮拖入到舞台上，选择下拉菜单【控制】→【测试影片】，将光标移到按钮区、按下鼠标左键，再移出按钮区，即可预览“按钮”颜色的变化。

图 4-21　按钮编辑时间轴

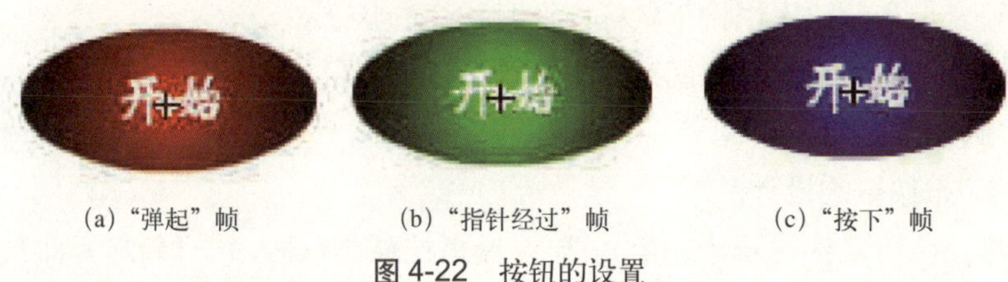

(a)“弹起”帧　(b)“指针经过”帧　(c)“按下”帧

图 4-22　按钮的设置

4.5.2　多图层按钮的设计

动态按钮虽然只有 4 帧，但同样可通过增加图层设计出复杂的按钮。

按钮元件也可添加影片剪辑元件，下面介绍一个添加了影片剪辑的多图层按钮实例。

【例 4-7】设计一个添加了影片剪辑的多图层动物按钮。

分析：要添加影片剪辑，首先在库中建立所需的 3 个影片剪辑元件，然后再绘制按钮元件。

第 1 步：建立 3 个影片剪辑元件。新建一个文件，点击下拉菜单【插入】→【新建元件】，弹出对话框，选择元件“类型”为“影片剪辑”，命名为“fish”，进入影片剪辑元件编辑，制作一个小鱼游动的逐帧动画；同理，制作一个名为“pig”的小猪面部表情变化的影片剪辑元件和名为“bird”的小鸟飞翔的影片剪辑元件，如图 4-23 所示；

(a)“fish”影片剪辑元件

(b)“pig”影片剪辑元件

(c)“bird”影片剪辑元件

图 4-23　影片剪辑元件

第 2 步：建立按钮元件。点击下拉菜单【插入】→【新建元件】，弹出“新建元件”对话框，选择元件“类型”为“按钮”，命名为“buttons”，点击“确定”按钮后进入按钮编辑；

第 3 步：绘制阴影。将“图层 1”更名为“阴影”，在“弹起”帧按F6键建立一个关键帧，并选择“椭圆工具”绘制一个黑色的正圆，在“点击”帧按F5键延长帧；

第 4 步：绘制底图。点击图层下面的“新建图层”，插入“图层 2”，更名为“底图”，并在“弹起”帧中黑色的正圆上绘制一个灰色的圆，在“点击”帧按F5键延长帧；

第 5 步：绘制按钮。点击“新建图层”，更名为“按钮”，该“按钮”是主色调，根据动物的颜色，分别在“弹起”、“指针经过”和“按下”帧添加三个不同颜色的圆，如图 4-24 所示；

第 6 步：添加动画帧。在“按钮”图层上再新建图层，命名为“动物”，在“弹起”帧按F6键建立关键帧，并从“库”中将“fish”元件拖入到该帧，在该层的“指针经过”按下F7键插入空白帧，从“库”中将“pig”放入该帧；同理，将“bird”元件拖入“按下”帧中，按钮图层与时间轴如图 4-25 所示；

第 7 步：测试按钮。点击工作区左上角的“场景 1”，回到舞台，从“库”中将按钮元件“button”拖入到舞台中的合适位置；选择下拉菜单【控制】→【测试影片】，运行动画。分别进行将光标移到按钮区、按下鼠标左键操作，即可预览“按钮”的变化情况，如图 4-26 所示。

显然，利用此功能可以设计出各种不同效果的动态按钮、菜单等。

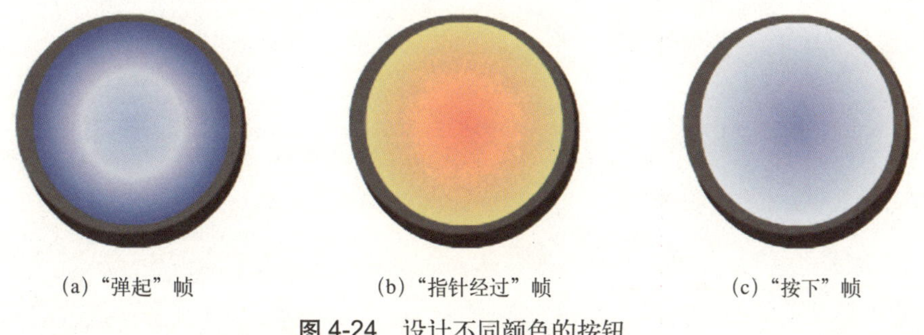

(a)“弹起”帧　　(b)“指针经过”帧　　(c)“按下”帧

图 4-24　设计不同颜色的按钮

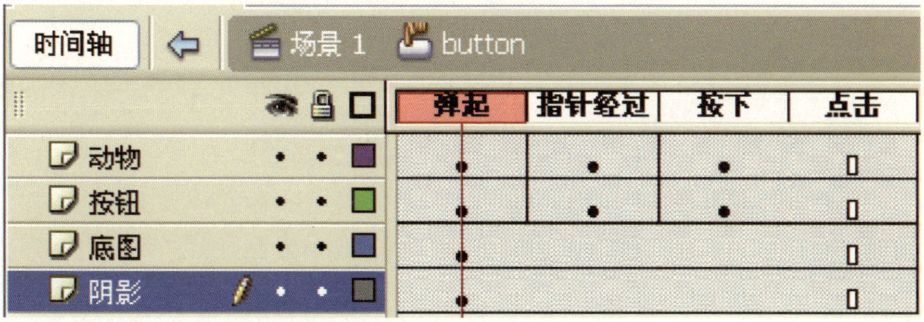

时间轴　场景 1　button

弹起　指针经过　按下　点击

动物

按钮

底图

阴影

图 4-25　按钮图层与时间轴设计

（a）鼠标在按钮区外	（b）鼠标进入按钮区	（c）在按钮区单击鼠标左键

图 4-26　动物按钮的运行效果

第 5 章 遮罩与引导动画

Chapter Five

Flash 中除了第 3 章介绍的几种基本动画类型外，还有一些动画需增加图层来完成，这些动画类型有遮罩动画、引导动画。它们是通过添加辅助图层来实现某种特殊效果的动画。

5.1 遮罩层动画

遮罩动画是一种多层动画，它利用遮罩层产生丰富的动画效果，其原理是利用遮罩层建立一个窗口，透过这个窗口看到被遮罩的内容。

遮罩层起观察窗口的作用。在动画运行过程中该层的图形是不显示的，其内容可以是除线条之外的所有图片、文字和电影等。若遮罩层确实需要线条完成，则应将线条转换为“填充”方式，即通过选择下拉菜单【修改】→【形状】→【将线条转换为填充】来实现。

被遮罩层放置的是需要通过窗口显示的对象，可以是任何图片、文字、影片、线条等。

遮罩动画通常有三种形式：一种是遮罩层运动，被遮罩层不动，类似于探照灯的运行效果；另一种是遮罩层不动，被遮罩层移动，类似于万花筒的运行效果；第三种是逐帧遮罩，例如模拟文字书写、绘画过程等。

5.1.1 遮罩动画的创建

遮罩层由普通层转换而来，通常遮罩层只能是一层，而被遮罩层可以是多层。

建立遮罩层有两种方法：

1. 使用快捷菜单。将光标放在遮罩层的图层上，右击鼠标，弹出快捷菜单，选择“遮罩层”，此时图层的图标会从普通层图标转变为遮罩层图标，而遮罩层下面的图层作为被遮罩层，其图标自动地转变为被遮罩层图标；

2. 使用“图层属性”对话框。双击要作为遮罩图层的图标,弹出“图层属性”对话框，在“类型”栏中选择“遮罩层”，单击“确定”按钮即可。

当需要有多个被遮罩层时，可将被遮罩层直接拖入遮罩层下方，系统会自动把遮罩层下面的一层关联为“被遮罩层”，该图层自动缩进，在缩进的同时图标就会从普通层图标变为遮罩层图标；也可以选择下拉菜单【修改】→【时间轴】→【图层属性】命令，打开“图层属性”对话框，在“类型”选项中选中“被遮罩”，其图层如图 5-1 所示。

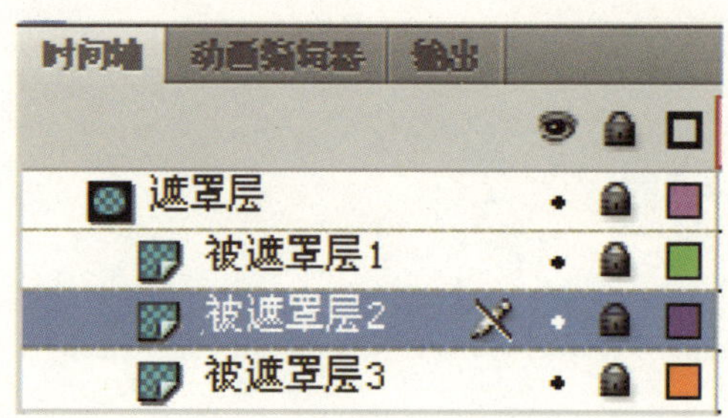

图 5-1　多个层图被遮罩时的时间轴图层

下面以实例说明遮罩动画的应用。

【例 5-1】闪闪的红星动画设计。

分析：闪闪的红星的动画设计要点是放射光芒在不断地闪烁，而五星是不变的。

第 1 步：绘制五星。将“图层 1”更名为“五星”，并在第 1 帧绘制一颗五星；

第 2 步：绘制放射线。新建图层，更名为“放射线”，用直线工具绘制一根竖向直线段，再点击任意变形工具，将线段的变形中心点移至五星的中心，选择下拉菜单【窗口】→【变形】，弹出“变形”面板，点击“旋转”选项，输入数字“20”使旋转角度为 20°，再选择右下角的“重制选区和变形”按钮，连续点击，即可复制出完整的放射图案，如图 5-2 所示；

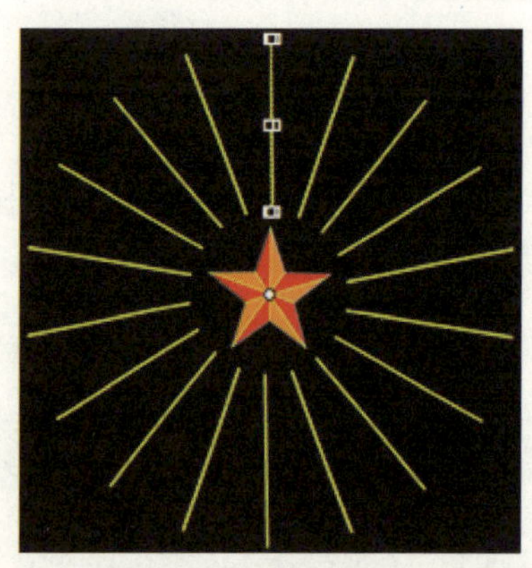

图 5-2　绘制放射线

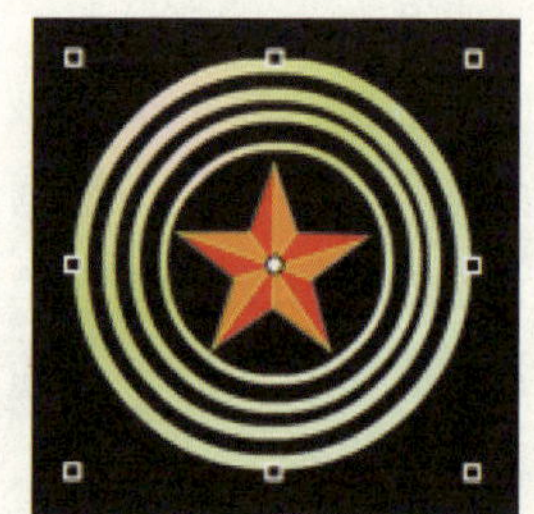

图 5-3　绘制光环

第 3 步：绘制光环。新建图层，更名为“光环”，利用椭圆工具绘制圆环，复制后将圆环的中心对准五角星的中心位置，如图 5-3 所示（提示，选取任意变形工具即可得到中心点）；

第 4 步：建立光环补间。在“光环”图层的第 20 帧按F6键，利用任意变形工具将圆环放大，并建立补间形状动画；

第 5 步：建立遮罩。将光标放在“光环”图层上，按下鼠标右键，弹出快捷菜单，选择“遮罩层”，此时“光环”图层变为“遮罩层”，它下面的“放射线”图层自动变为“被遮罩层”，其图层与时间轴如图 5-4 所示；

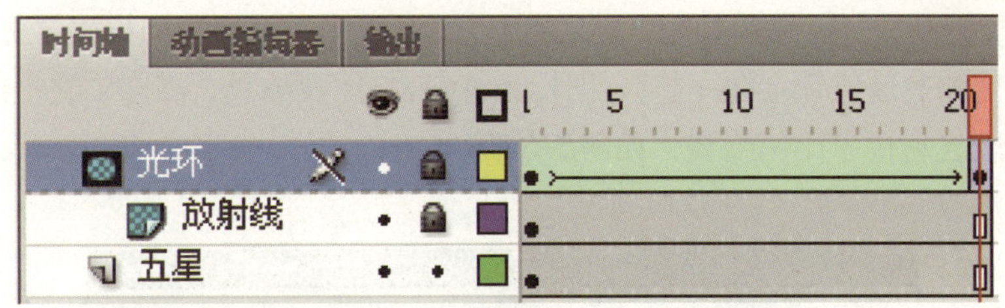

图 5-4 “闪闪的红星”图层与时间轴

第 6 步：测试动画。按下组合键Ctrl + Enter，预览闪闪的红星动画，如图 5-5a 所示。

【例 5-2】用放射线作为遮罩层实现闪闪的红星动画。

在上例中若要将“放射线”图层作为遮罩层，此时可先在“光环”图层上单击鼠标右键，弹出快捷菜单，点击已勾选的“遮罩层”，解除遮罩；

再将“光环”图层拖到“放射线”图层下面；在“放射线”图层上单击鼠标右键，弹出快捷菜单，点击“遮罩层”，即将“光环”图层转变为被遮罩层；

此时，运行遮罩不起作用，这是因为线条是不能直接作为遮罩层使用的。为此，应将线条转换为填充方式，其方法是：选中“放射线”图层的第 1 帧，选择下拉菜单【修改】→【形状】→【将线条转换为填充】，至此动画制作完毕；再按下组合键 Ctrl+Enter，预览动画运行，其效果如图 5-5b 所示。

(a)“光环”作为遮罩层动画效果

(b)“放射线”作为遮罩层动画效果

图 5-5 闪闪的红星

【例 5-3】上海世博建筑图片展示的动画设计。

分析：本例将多幅上海世博会建筑图片排成一行，从右向左移动，用户透过一个扇形窗口观看移动的图片。

第 1 步：素材准备。在“图层 1”中的第 1 帧，选择下拉菜单【文件】→【导入】→【导入到舞台】依次导入七幅上海世博会建筑图片到舞台和“库”中；由于图片的尺寸不统

一，需将图片“高度”设置为相同，为此选中图片，点击“属性”面板中“位置和大小”，选择“将宽度和高度值锁定在一起”（图标为），将图片缩放“高度”统一设为“140”，其图片宽度则自动按等比例缩放，如图 5-6 所示；

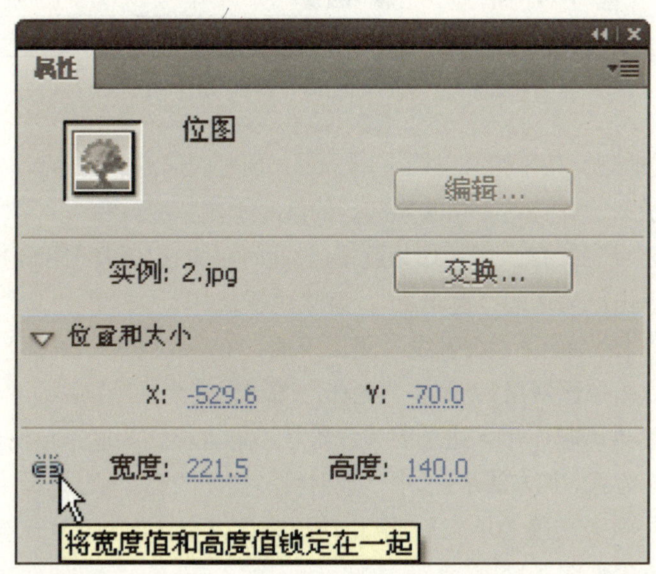

图 5-6　设置图片的尺寸为同样高度

第 2 步：设置被遮罩层图片。将第 1 幅图片放在舞台正中位置，其他图片首尾相接依次排列其后，利用下拉菜单【修改】→【对齐】→【顶对齐】将图片整齐地排列成一行；点击第 1 帧，选取所有图片点击下拉菜单【修改】→【组合】将其组合，如图 5-7 所示；

图 5-7　被遮罩层图片首尾相接排列成一行

第 3 步：设置图片（被遮罩层）补间动画。在第 400 帧按F6键插入关键帧，将图片的最后一张向左平移，并对齐舞台正中位置，将光标放在第 2 ~ 399 帧中的任意一帧，按右键选择“传统补间动画”，让图片从右向左水平移动；

第 4 步：绘制遮罩层图形。新建“图层 2”，更名为“扇形”，在第 1 帧利用基本椭圆工具绘制一个扇形，其“椭圆选项”如图 5-8 所示；绘制的扇形如图 5-9 所示，并在第 400 帧按下F5键，延续该遮罩层扇形图片；

椭圆选项
开始角度:
214.00
结束角度:
327.00
内径:
33.00
闭合路径
重置

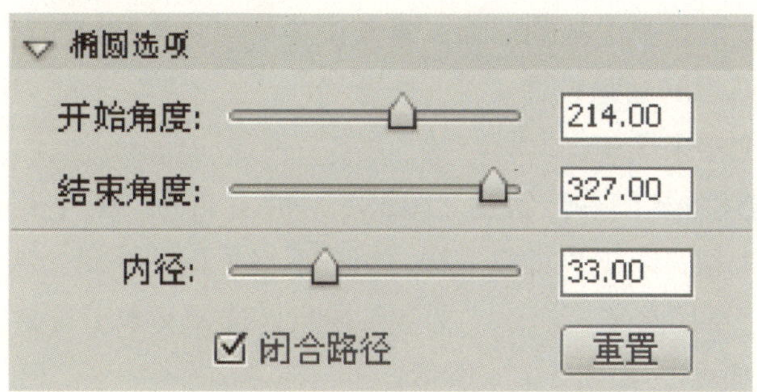

图 5-8　绘制扇形的“椭圆选项”

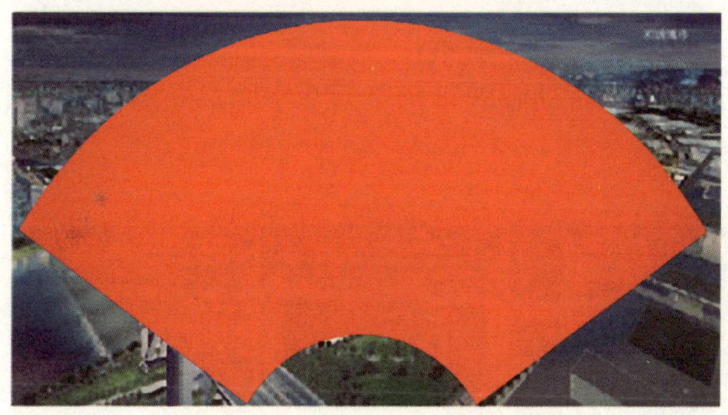

图 5-9　绘制遮罩层图形：扇形

第 5 步：建立遮罩层。将光标放在“扇形”图层上，右击鼠标，弹出快捷菜单，选择“遮罩层”（图 5-10）；此时“图片”、“扇形”自动加锁，舞台上只呈现扇形区内的图形，如图 5-11 所示；

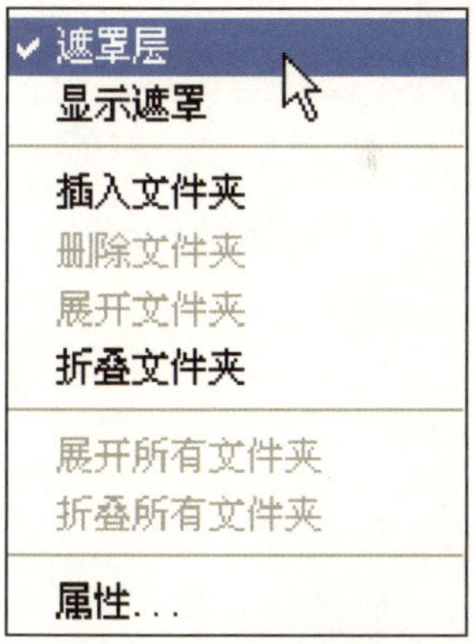

遮罩层
显示遮罩
插入文件夹
删除文件夹
展开文件夹
折叠文件夹
展开所有文件夹
折叠所有文件夹
属性...

图 5-10　建立遮罩层

时间轴
5
10
15
20
扇形
图片

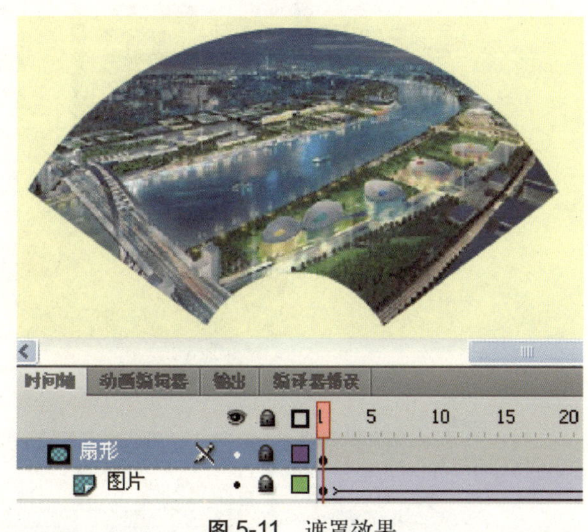

图 5-11　遮罩效果

第 6 步：运行动画，预览一幅幅世博建筑图片在扇形窗口内从右向左缓缓移动。

在预览动画过程中，可见首尾图片之间的过渡衔接不够连贯，为此，再增加一幅图片，即将第一幅图片重复放在第七幅的后面，重新设置第 400 关键帧即可。

【例 5-4】文字遮罩的动画设计。

遮罩层可以用文字来实现。

第 1 步：设置被遮罩层图片。新建“图层 1”，并更名为“图片 1”，导入一幅农民画，四次复制后，将五张相同的图片排成一行，组合后设置运动补间，从左向右水平移动；

第 2 步：输入遮罩层文字。新建“文字”图层，选择文本工具，设置好文本的属性，在图片上输入“中国风”，如图 5-12a 所示；

第 3 步：建立文字遮罩。在“文字”图层上单击鼠标右键，将其转换为遮罩层；

第 4 步：同理，新建被遮罩层“图片 2”和遮罩层“灯笼”，使用例 5-3 的方法在舞台文字的下方再建立一个图片遮罩显示；

第 5 步：测试动画。运行动画即可预览到文字遮罩动画效果，其图层与时间轴及遮罩效果如图 5-12b 所示。

(a) 文字与图片

(b) 图层与时间轴及遮罩效果

图 5-12　文字遮罩动画

5.1.2 取消遮罩层

取消遮罩层与建立遮罩层一样，可以使用两种方法：

1. 使用快捷菜单：将光标放在遮罩图层上，单击鼠标右键，弹出快捷菜单，选择“遮罩层”，即可将“遮罩层”恢复为普通层；

2. 使用“图层属性”对话框：鼠标双击“遮罩层”的图标，弹出“图层属性”对话框，在“类型”栏中选择“一般”，单击“确定”按钮即可。

需要强调的是，编辑时遮罩层和被遮罩层要在锁定状态，才能显示出遮罩效果。

5.2 引导层动画

将一个或多个图层链接到一个运动引导层，使一个对象或多个对象沿一条路径运动的动画称为“引导层动画”，也称为“引导路径动画”。其中的引导层用于产生对象沿给定路径运动的特殊动画效果，引导层的图形只起辅助其他图层中图形对象定向的作用，而不会显示出来。

“被引导层”的对象在被引导时可作出更为细致的设置。如运动方向的设置，在“属性”面板上选中“调整到路径”复选框，对象的基线就会调整到运动路径；如果选中“对齐”，则元件的注册点就会与运动路径对齐。

5.2.1 引导动画的创建

首先，要创建被引导层对象，绘制出运动补间动画；然后将光标放在被引导的图层上，单击鼠标右键，弹出快捷菜单，选择“添加传统运动引导层”，此时在被引导层上方添加了一个图层 引导层: ...；再在引导图层上绘制出引导路径；最后，将补间动画第 1 帧的对象中心点对齐引导路径的起点、将补间动画的最后一帧的对象中心点对齐引导路径的终点。

下面以简单的实例加以说明：

【例 5-5】 小兔跳跃的引导动画设计。

第 1 步：背景设计。将“图层 1”更名为“草地”，并在第 1 帧绘制一幅草地的背景图；

第 2 步：创建小兔运动补间动画。新建图层并更名为“小兔”，在第 1 帧绘制一只小兔，在第 25 帧按F6键插入关键帧，并将小兔移动到终点位置；将鼠标指针放在第 2~25 帧的任意一帧按下鼠标右键，选择“创建传统补间”，建立小兔运动的补间动画；

第 3 步：创建引导图层。将鼠标指针放在“小兔”图层上，按下右键弹出快捷菜单，选择“添加传统运动引导层”，此时在“小兔”图层上方自动添加了一个“引导层”图层，如图 5-13 所示；

第 4 步：绘制小兔跳跃的运动路径。点击“引导层”的第 1 帧，选择铅笔工具绘制一条小兔跳跃运动的曲线路径，如图 5-14 所示的红色曲线；

第 5 步：建立补间动画与引导层的关系。点击“小兔”图层的第 1 帧，即小兔起始位置的关键帧，让小兔的中心点位于引导路径曲线的起点；点击“小兔”图层的第 25 帧，

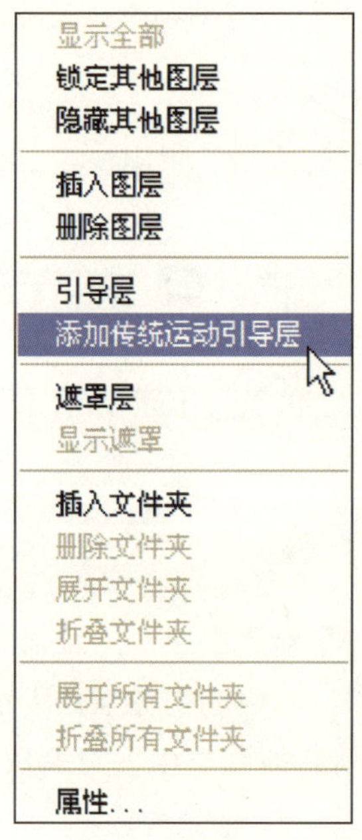

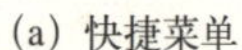
(a) 快捷菜单

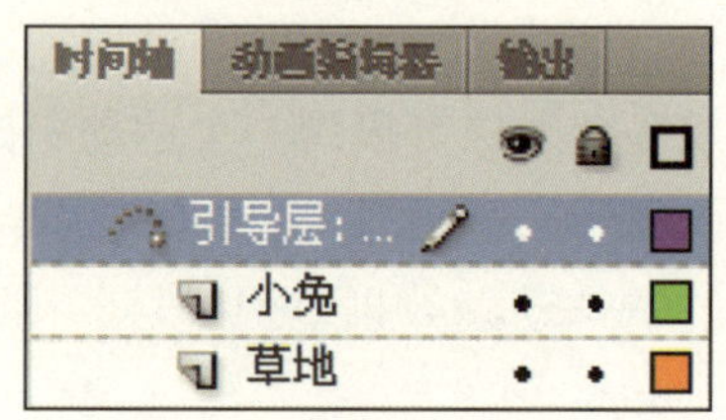

(b) 创建引导图层

图 5-13　创建引导图层

图 5-14　绘制引导路径

让小兔的中心点位于引导路径曲线的终点；

第 6 步：运行动画。选择下拉菜单【控制】→【测试影片】，即可预览小兔沿引导层曲线路径跳跃运动的动画。

实际生活中的曲线运动实例有很多，如飞机的飞行轨迹、小鱼的游动路径、绘制图形的画笔路径等，这些动画的模拟设计，都要用到引导图层。

【例 5-6】　蜻蜓飞舞的引导动画设计。

第 1 步：导入背景图。在“图层 1”导入一幅背景图，并将“图层 1”更名为“背景”；

第 2 步：创建蜻蜓飞舞影片剪辑元件。点击下拉菜单【插入】→【新建元件】，弹出对话框，选择元件类型为“影片剪辑”，建立一个蜻蜓飞舞的影片剪辑元件；

第 3 步：设置蜻蜓运动的补间。添加“图层 2”并更名为“蜻蜓”，将蜻蜓影片剪辑元件从库中拖入到第 1 帧，在第 60 帧按F6键插入关键帧，再将“蜻蜓”拖动到终点位置；将光标放在第 2~60 帧之间任意一帧按下鼠标右键，选择“创建传统补间”设置蜻蜓运动的补间动画；

第 4 步：添加引导层。将光标放在“蜻蜓”图层上，按下鼠标右键，弹出快捷菜单，选择“添加传统运动引导层”，添加引导层；

第 5 步：绘制蜻蜓飞舞的路径。点击“引导层”的第 1 帧，选择铅笔工具绘制一条曲线，如图 5-15 所示的黑色曲线；

图 5-15　蜻蜓飞舞的路径

第 6 步：建立蜻蜓与路径的联系。点击“蜻蜓”图层的第 1 帧，让蜻蜓的中心点对准曲线的起点，点击“蜻蜓”图层的第 60 帧，让蜻蜓的中心点对准曲线的终点；

第 7 步：运行动画。选择下拉菜单【控制】→【测试影片】，即可预览蜻蜓沿所绘制的路径飞舞的动画效果，如图 5-16 所示。

图 5-16　蜻蜓飞舞的动画效果

对于闭合的运动轨迹，如地球绕太阳的旋转轨迹，可选择椭圆工具（只选笔触、无填充色）在引导层绘制一个椭圆，用橡皮擦工具擦开一个小缺口，再设置地球运动补间动画，并将分别放在缺口的两端，即可实现地球绕太阳的旋转。

5.2.2 取消引导层

取消引导层有两种方法：

1. 在“引导层”上单击鼠标右键弹出快捷菜单，再次选择“添加传统运动引导层”，即取消该命令的选中状态，从而取消引导层；

2. 使用“图层属性”对话框。双击“引导层”的图标，弹出“图层属性”对话框，在“类型”栏中选择“一般”，单击“确定”按钮即可。

第6章 骨骼动画

Chapter Six

6.1 认识反向运动

反向运动（IK）是 Flash CS4 新加入的专业动画软件所支持的骨骼动画。该功能只能在 ActionScript 3.0 的编辑环境中才可实现。反向运动（英文为 Inverse Kinematics，简称 IK）是一种借鉴骨骼的有关结构对一个对象或彼此相关的一组对象进行动画处理的方法。

骨骼链称之为骨架。在父子层次的结构中，骨架中的骨骼彼此相连。骨架可以是线性的或分支的。在 Flash 中使用 IK 主要有两种方式：

一种是向元件实例添加骨骼。通过骨骼工具将多个不同的元件实例链接到一起，这种方式通常是分支骨架，用于类似于人体图形需要包含四肢分支的结构；

二是向形状对象的内部添加骨架。通过骨骼，可以移动形状的各个部分并对其进行动画处理，这种方式通常为线性骨架，如用于蛇形或人的手臂弯曲运动等。

在向元件实例或形状对象添加骨骼时，Flash 自动将该实例或形状对象以及关联的骨架移动到新建的图层中，该新建层为“骨架”图层，也称为“姿势”图层，每个姿势图层只能包含一个骨架及其关联的元件实例或形状对象。当一个骨骼运动时，与启动运动的骨骼相关的其他连接骨骼也会随之运动。

在骨架图层中，对 IK 骨架进行动画处理的方式与 Flash 中其他对象不同，它只需向骨架层添加帧并重新定位骨架即可。为此，可通过鼠标右键单击骨架图层上的帧，在弹出的快捷菜单中选择“插入姿势”或直接按F6键插入姿势关键帧，该帧显示为蓝色小棱形“ ”，再使用选择工具 更改该帧的骨架，Flash 即自动生成各姿势帧之间的补间动画。

6.2 为元件实例添加骨骼

按照要创建的父子关系顺序将对象与骨骼链接在一起，每个元件实例只能具有一个骨骼。

在添加骨骼之前，元件实例可以放在同一层或不同的图层上，添加骨骼后，Flash 自动将它们移动到新的姿势图层中。

骨架中的第一个骨骼是根骨骼，它表现为头部圈有一个圆的根骨骼。

下面以实例说明之。

【例 6-1】 小熊运动的骨骼动画设计。

第 1 步：新建文档。点击下拉菜单【文件】→【新建】，打开“新建文档”对话框，选择“Flash 文件（ActionScript 3.0）”脚本文档，如图 6-1 所示。

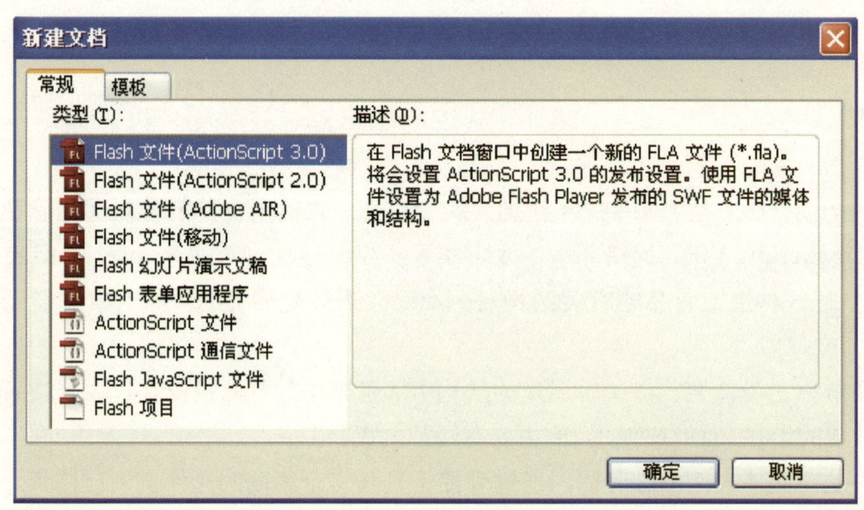

图 6-1 选择“ActionScript 3.0”脚本文档

第 2 步：绘制小熊图形。将“图层 1”更名为“小熊”，使用绘图工具在“小熊”图层的第 1 帧绘制出小熊的躯干、四肢和头部，并分别转换为图形元件，再按规律排列，如图 6-2 所示。

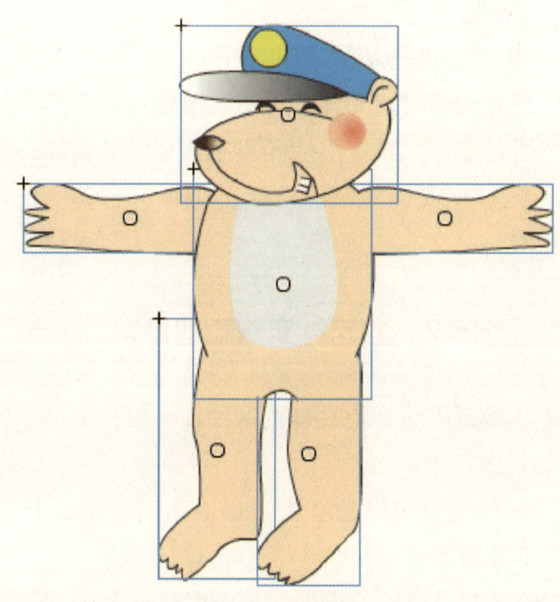

图 6-2 将小熊躯体转换为图形元件

第 3 步：建立骨骼。从“工具”面板中选择骨骼工具（也可以按X键选择骨骼工具），鼠标单击将成为骨架根部的小熊躯干元件实例，并拖动到一肢体元件上，然后释放鼠标，以将其链接到根实例；重复单击骨架的根部，分别拖动到其他肢体元件和头部元件实例中，从而将小熊的各部分都链接到根实例上，如图 6-3 所示。

此时“小熊”图层的上面自动添加了名为“骨架_1”的图层，由于“小熊”图层上的所有元件实例都添加了骨骼，Flash 将“小熊”图层上的对象都移动到了“骨架_1”图层中，因此“小熊”图层变为空白帧，如图 6-4 所示。

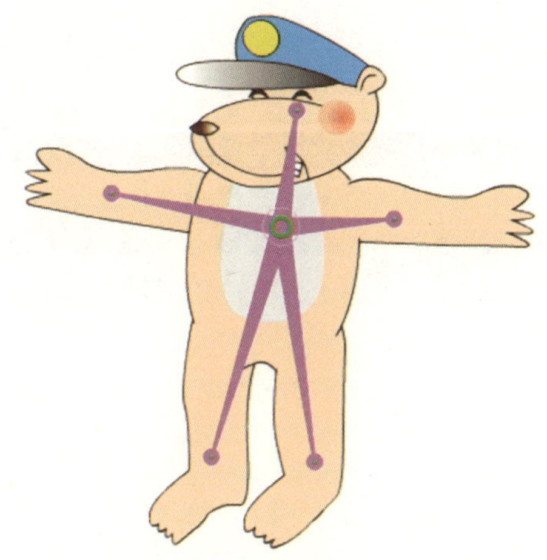

图 6-3　建立骨骼动画

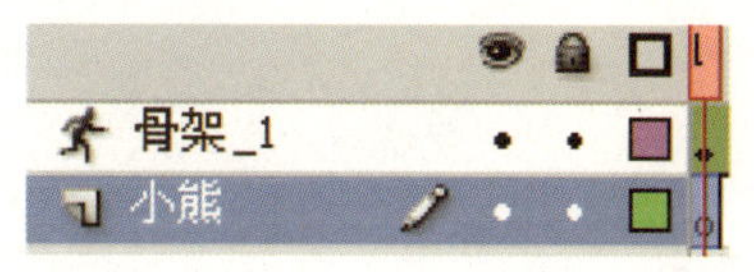

图 6-4　添加骨骼后的时间轴

第 4 步：添加姿势帧。按鼠标右键点击“骨架_1”图层的第 6 帧，在弹出的快捷菜单中选择“插入姿势”，如图 6-5 所示，或直接点击第 6 帧按F6键，添加姿势帧；再点击选择工具后，分别单击各骨骼的尾部并按所需方向移动骨骼来改变小熊的运动姿势，如图 6-6 所示。

删除骨架
转换为逐帧动画
插入姿势
清除姿势
插入帧
删除帧
选择所有帧
翻转帧
剪切姿势
复制姿势
粘贴姿势

图 6-5　插入姿势帧

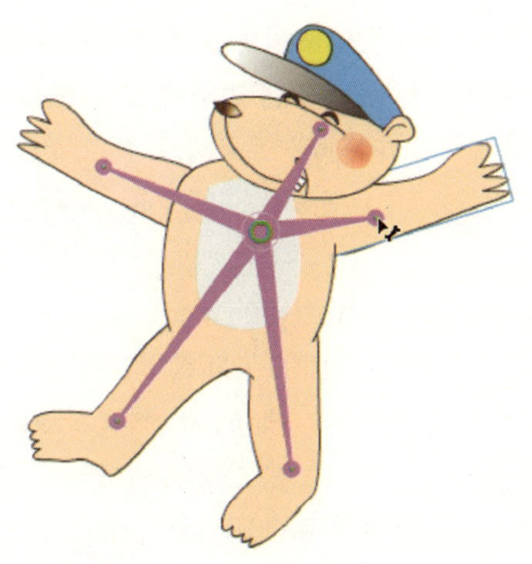

图 6-6　拖动骨骼的尾部改变小熊的姿势

第 5 步：建立骨骼动画。根据小熊运动的姿势，可在“骨架 _1”的图层上多次插入姿势帧来定位小熊运动的姿势，从而形成小熊运动的动画，如图 6-7 所示；“骨架 _1”的图层添加关键帧后如图 6-8 所示。

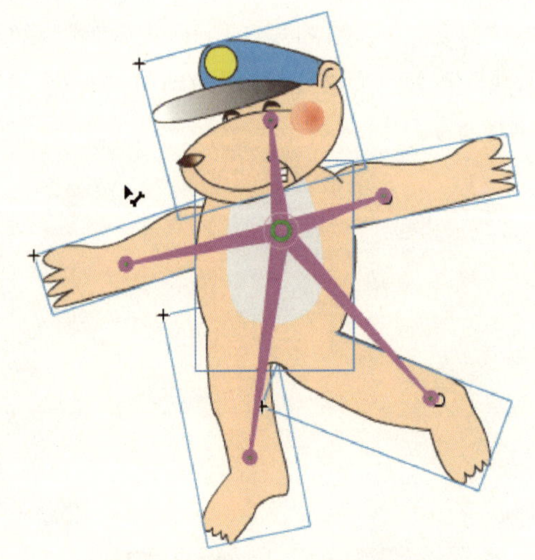

图 6-7　设置的小熊的姿势

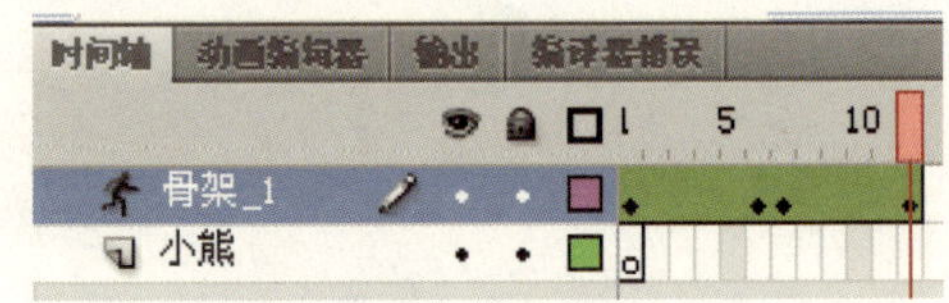

图 6-8　插入“骨架 _1”姿势帧

第 6 步：运行动画。选择下拉菜单【控制】→【测试影片】，即可预览小熊运动的骨骼动画。

6.3　为形状对象添加骨骼

使用反向运动的第二种方式是使用形状对象。可以向单个形状对象的内部添加多个骨骼。它不同于元件实例(每个元件实例只能添加一个骨骼)，此外还可以向在“对象绘制”模式下创建的形状对象添加骨骼。

向单个形状对象或一组形状对象添加骨骼时，无论在何种情况添加第一个骨骼之前必须选择所有的形状。在将骨骼添加到所选内容后，Flash 将所有的形状和骨骼都转换为 IK 形状对象，并将该对象移动到新的姿势图层中。每个姿势图层只能包含一个骨架。Flash 会在时间轴中现有的图层之间添加新的姿势图层，以保持舞台上对象的原有堆叠顺序。

若要添加多个首尾相连的骨骼，要从第一个骨骼的尾部拖动到形状对象内的其他位置。指针在经过现有骨骼的头部或尾部时会发生改变。第二个骨骼将成为根骨骼的子级，按照要创建的父子关系的顺序，将形状对象的各区域与骨骼链接在一起。例如，要向表示胳膊的形状对象添加骨骼，需绘制从肩部到肘部的第一个骨骼、从肘部到手腕的第二个骨骼以及从手腕到手指的第三个骨骼。

当某个形状对象转换为 IK 形状后，它无法再与 IK 形状对象外的其他形状对象合并。

【例 6-2】 小熊做操的骨骼动画设计。

分析：由于小熊做操，其四肢各有不同的动作，因此应分层绘制四肢、头部与躯体；又由于小熊做操时手臂是可弯曲的，所以应使用形状对象，以便添加两个骨骼。

第 1 步：新建文档。点击下拉菜单【文件】→【新建】，打开“新建文档”对话框，选择“Flash 文件（ActionScript 3.0）”脚本文档；

第 2 步：绘制小熊图形。将“图层 1”更名为“四肢”，使用绘图工具（对象绘制模式）在“四肢”图层的第 1 帧上分别绘制小熊的四肢；新建“图层 2”，更名为“身体”，在第 1 帧上绘制出小熊的身体；新建“图层 3”，更名为“头部”，在“头部”图层的第 1 帧绘制小熊的头部，所有图形均无需转换为元件；

第 3 步：添加骨骼。小熊做操时的肘部是可弯曲的，所以对手臂建立骨骼动画时需建立两个骨骼，选择骨骼工具（也可以按X键激活骨骼工具），鼠标单击小熊的臂部，拖动鼠标到小熊的肘部，再由肘部拖动到小熊的手掌处，从而建立呈父子关系顺序的两个骨骼，如图 6-9 所示；

图 6-9 手臂建立父子关系顺序的骨骼

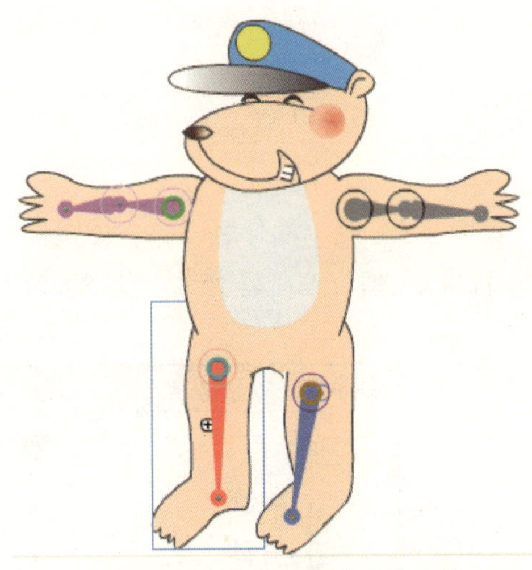

图 6-10 添加全部骨骼后的小熊

分别对小熊另一手臂和两个腿部对象添加骨骼，如图 6-10 所示；每添加一个骨架，Flash 自动将其添加到新的姿势图层中，此时可见时间轴上出现了“骨架 _1”、“骨架 _3”、“骨架 _5”和“骨架 _7”图层，并保持舞台上对象的原有堆叠顺序；小熊四肢图层变为空白帧，其时间轴如图 6-11 所示；

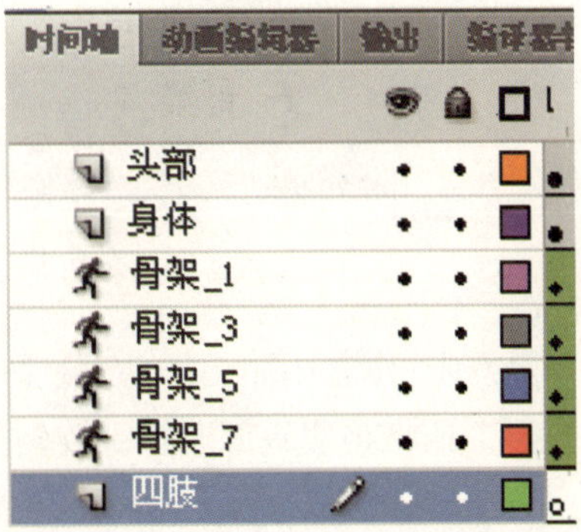

图 6-11 添加所有骨骼后的时间轴

第 4 步：添加姿势帧建立骨骼动画。鼠标右键分别单击“骨架 _1”和“骨架 _3”姿势图层的第 5 帧，弹出快捷菜单，选择“插入姿势”，并拖动骨骼为弯曲形状；在第 10 帧添加姿势帧，拖动骨骼为伸展姿势；同理，在“骨架 _5”和“骨架 _7”图层上的第 5 帧和第 10 帧添加姿势帧，改变小熊的腿部姿势，如图 6-12、图 6-13 所示；

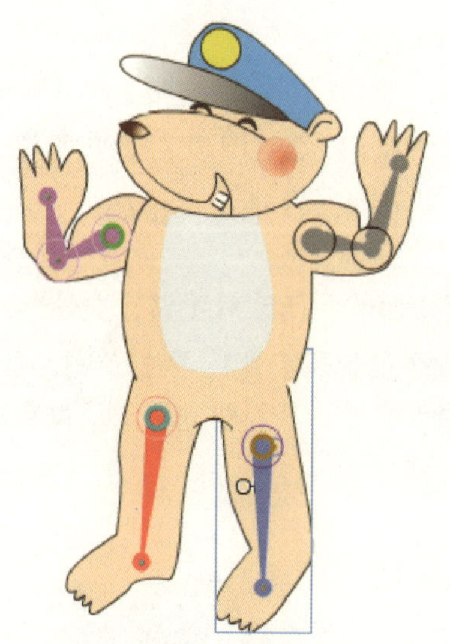

图 6-12　第 5 姿势帧

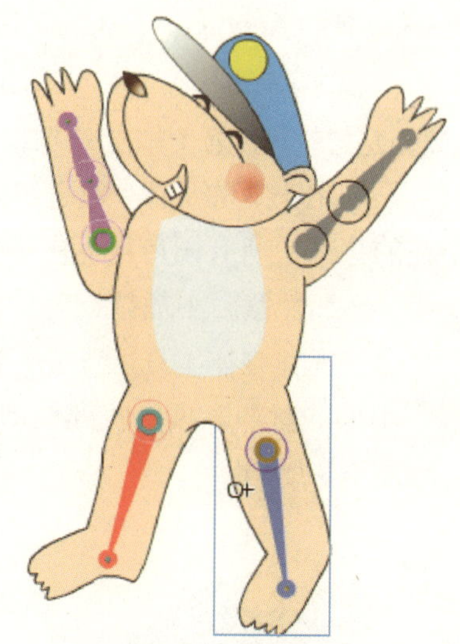

图 6-13　第 10 姿势帧

第 5 步：延续小熊伸展姿势。按鼠标右键点击各图层的第 15 帧，在弹出的快捷菜单中选择“插入帧”，或在第 15 帧直接按F5以延长第 10 帧的姿势，其时间轴如图 6-14 所示；

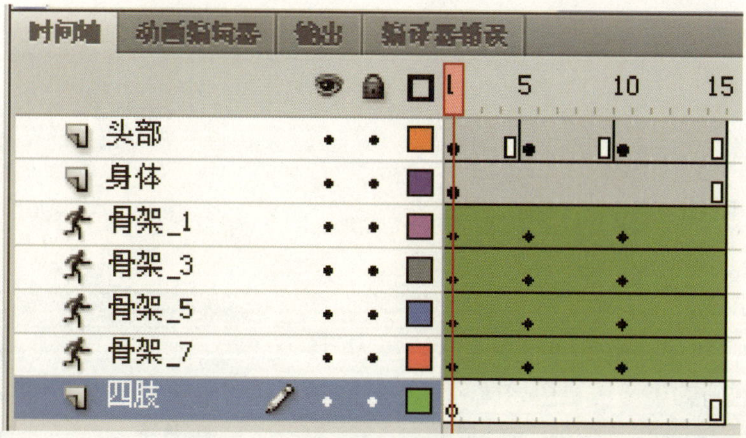

图 6-14　小熊做操骨骼动画的时间轴

第 6 步：建立小熊头部动画。在“头部”图层的第 5 帧和第 10 帧按F6下键插入关键帧，用变形工具将小熊头部顺时针旋转为抬头动作；

第 7 步：测试动画。选择下拉菜单【控制】→【测试影片】，即可预览小熊做操的骨骼动画。

【例 6-3】 蛇爬行的骨骼动画设计。

分析：蛇爬行运动的骨骼特征是线性链接。因此，可直接绘制一条蛇，对其进行线性链接即可。

第 1 步：新建文档。点击下拉菜单【文件】→【新建】，打开“新建文档”对话框，选择“Flash 文件（ActionScript 3.0）”脚本文档，保存名为“SL6-3.fla”文件；

第 2 步：图形绘制。在“图层 1”的第 1 帧在“合并绘制”模式下绘制一条蛇，该蛇包含多种颜色和笔触，若采用“对象绘制”模式，则可在绘制后，选择下拉菜单【编辑】→【分离】，将图形打散，如图 6-15 所示；

图 6-15 绘制蛇的图形

第 3 步：建立骨骼。点击选择工具，围绕形状对象拖出一个矩形选择区域以确保选中整条蛇的图形；点击骨骼工具，单击蛇的头部按下鼠标左键向尾部拖动一小段后释放鼠标，建立第一个骨骼，此时图形已转换为“骨架 _1”图层，再点击该骨骼尾部向后拖动，建立第二个骨骼，由此逐段地建立多个连续的骨骼（线性），直到蛇的尾部，如图 6-16 所示；

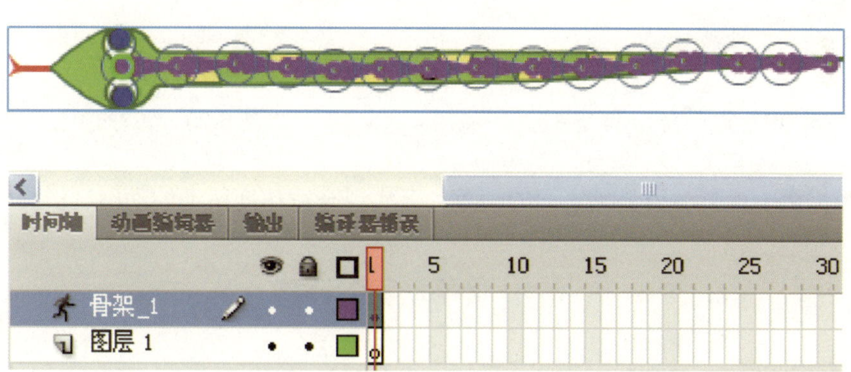

图 6-16 建立蛇的连续骨骼

第 4 步：编辑骨骼。选择“骨架 _1”图层的第 1 帧，点击选择工具选择 IK 形状对象，然后拖动各骨骼的节点按所需方向移动，如图 6-17 所示；

第 5 步：鼠标右键点击“骨架 _1”图层的第 7 帧和第 14 帧，在弹出的快捷菜单中选择“插入姿势”添加姿势帧；再点击第 7 帧，用选择工具拖动各骨骼的节点如图 6-18 所示，修改第 7 帧的骨骼；

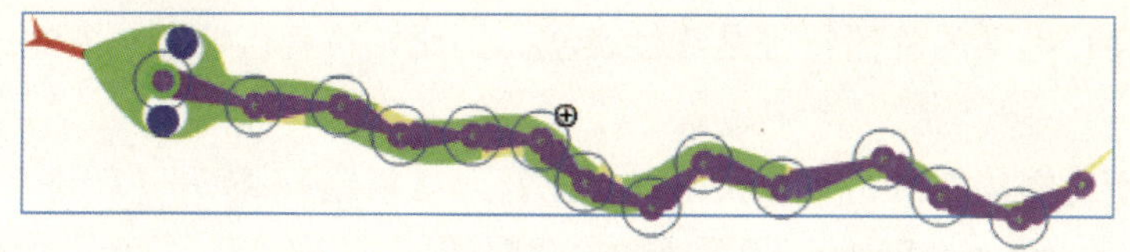

图 6-17　编辑骨骼

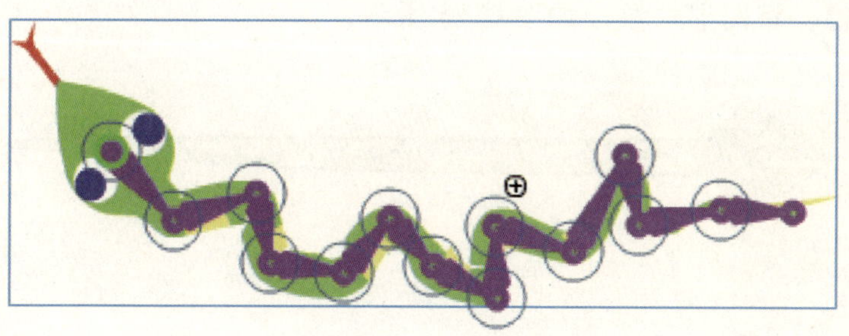

图 6-18　第 7 姿势帧

第 6 步：运行动画。选择下拉菜单【控制】→【测试影片】，即可预览蛇爬行的骨骼动画，如图 6-19、图 6-20 所示。

图 6-19　第 1、14 姿势帧　　　　图 6-20　第 7 姿势帧

可根据需要设置各姿势帧之间的帧数，以实现合适速度运动的动画制作。

6.4　骨骼动画的调整

6.4.1　编辑 IK 骨架和对象

创建骨骼后可以对骨骼进行编辑：如点击部分选择工具 可以重新定位骨骼及其关联的对象，或在对象内移动骨骼，拖动骨骼的一端更改其长度和方向；如要删除某个骨骼，首先选择该骨骼，再按delete键即可。其选择骨骼的方法有：点击选择工具 单击某个骨骼可选择该骨骼、按住shift键单击可选择同个骨架中的多个骨骼、双击某个骨骼可选择骨架中的所有骨骼。

删除骨骼以及编辑包含骨骼的对象等操作只能在骨架图层的第一帧中完成，若骨架图层插入了姿势帧或按 F6 添加了姿势帧，则无法对骨骼结构进行更改。若要编辑骨架，必须从时间轴中删除骨架层的第 1 帧之后的任何姿势帧。

在骨架图层帧按下鼠标右键弹出的快捷菜单中，可选择有关命令对骨架图层中的姿势帧进行编辑，如删除骨架、清除姿势、复制姿势、粘贴姿势等操作，如图 6-21a 所示。

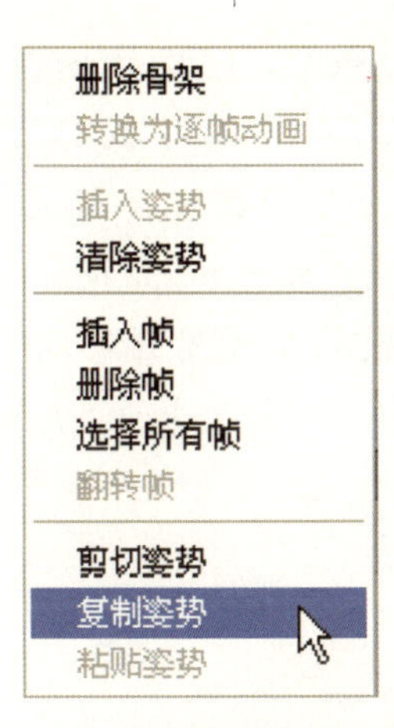

(a) 编辑姿势帧

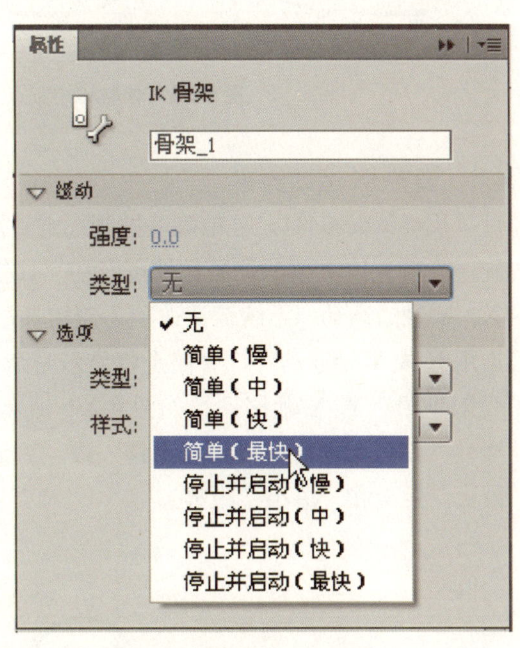

(b) 设置姿势帧“缓动”参数

图 6-21 编辑骨架和对象

使用姿势帧向 IK 骨架添加动画时，可打开“属性”面板，设置“缓动”参数，从而调整姿势帧的动画运行速度，来建立更加逼真的运动效果，如图 6-21b 所示。如在例 6-3 中对蛇开始爬行时和结束爬行时设置减速，而在中间帧设置加速，其动画将更符合自然规律。

6.4.2 使用绑定工具

在移动骨架时有时对象扭曲的程度难以令人满意，这是因为在默认的情况下，形状控制点只连接到离它们最近的骨骼。为此，可使用绑定工具来编辑单个骨骼和形状控制点之间的连接，从而控制好每个骨骼移动时笔触扭曲的程度，以获得预期的效果。

如点击绑定工具后，再单击控制点或骨骼，就会显示骨骼和控制点之间的连接，连接选定的骨骼的控制点以黄色加亮显示；方形控制点仅连接了一个骨骼，三角形控制点连接了两个骨骼，如图 6-22a、b 所示。

当需要删除某个控制点，需单击该控制点（该控制点变为红色）并拖动它，（拖动轨迹呈黄色表示拖动成功），再使用选择工具移动骨骼来验证效果，则被拖动的点不再随骨骼的运动而产生变化。

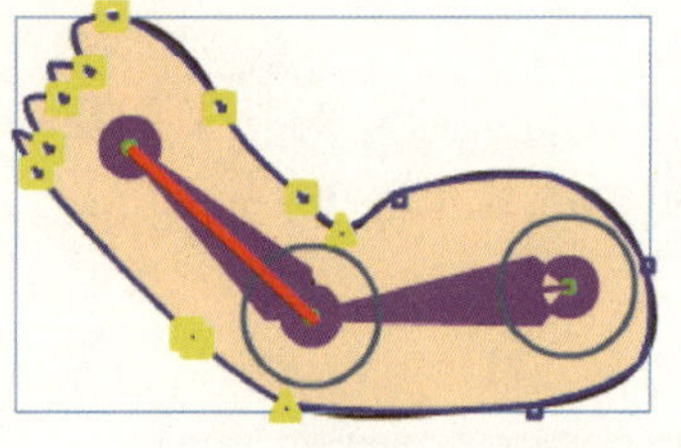

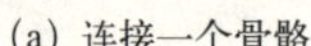

(a) 连接一个骨骼

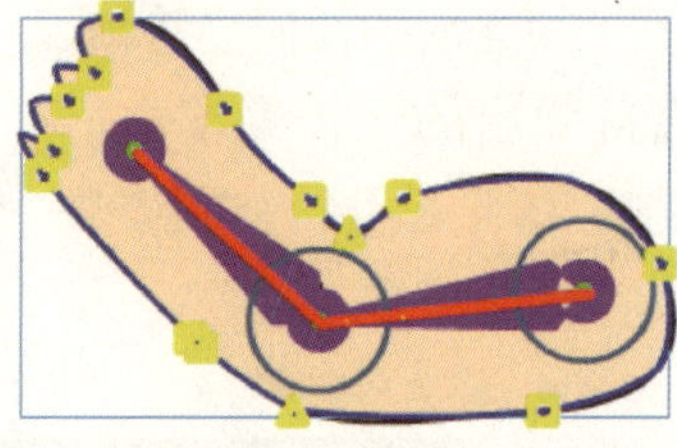

(b) 连接两个骨骼

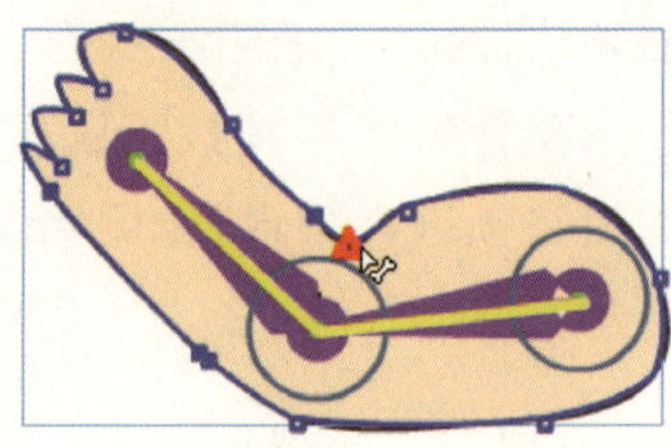

(c) 选择某个控制点

图 6-22　骨骼和控制点之间的连接

6.4.3　调整 IK 运动约束

通过“属性”面板可以更精确地控制选定骨骼的运动效果，使其无法按错误的方向弯曲或旋转。首先选中某个骨骼，就可以在“属性”面板启用、禁用和约束骨骼的旋转以及沿 X、Y 轴的运动。系统默认选项为启用骨骼旋转，而禁用 X 和 Y 轴运动。

若启用 X 或 Y 轴运动时，骨骼上将显示一个双向箭头，如图 6-23a 所示，此时骨骼可以不受限地沿 X 或 Y 轴移动，如图 6-23b 所示；若要限制 X 或 Y 轴移动的距离，则要在“属性”面板勾选对应的“X 平移”或“Y 平移”中“约束”选项，并输入可以移动的“最大”距离和“最小”距离。

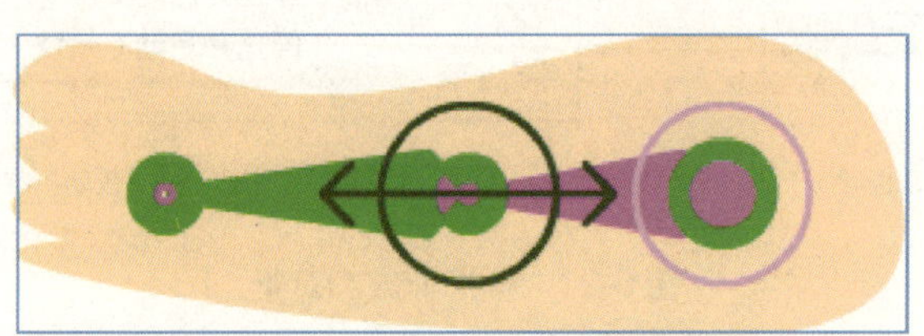

(a) 沿 Y 轴平移双向箭头

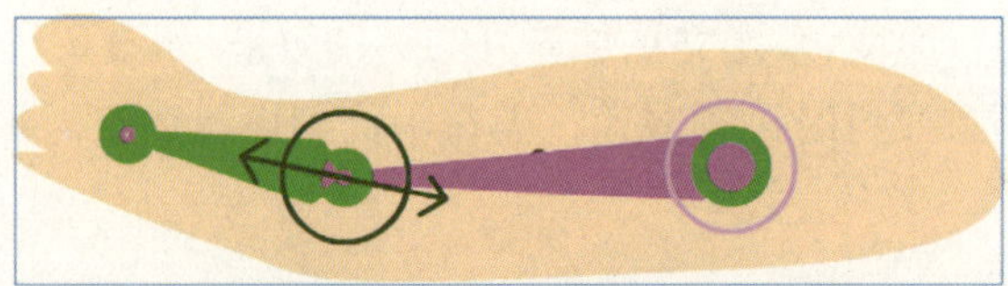

(b) 沿 Y 轴平移

图 6-23　启用沿 Y 轴平移选项

同样，若要约束骨骼的旋转，则需在“属性”面板勾选“联接:旋转”中“约束”选项，并给出对象旋转的“最大”度数和“最小”度数，骨骼的连接处将显示一个旋转自由度数的弧形。

当需要限制骨骼运动的速度时，选择“属性”面板中“位置”下面的“速度”字段输入所需数字，系统默认值为 100，表示对速度没有限制。

第 7 章
音频和视频文件的使用 Chapter Seven

7.1 音频文件的使用

Flash 支持多种音频格式的声音文件，其常用的有 mp3、wav、asnd 等。

Flash 允许多个音频文件放在一个图层中，也允许音频文件与其他对象同在一个图层，但通常单独设置图层放置音频文件，以方便编辑和修改。

7.1.1 导入音频文件的方法

首先，选择下拉菜单【文件】→【导入】→【导入到库】，弹出“导入到库”的窗口，此时可在“文件类型”一栏选择“所有声音格式”，以便于选择所需要的声音文件，点击“打开”按钮后，即可将声音文件导入到库中。导入到库中的音频文件与其他元件一样可以多次反复地引用。

然后，新建图层，选择音频文件的起始关键帧，将音频文件从库中拖入该帧中；也可以打开“属性”面板，“声音”选项“名称”下拉列表栏中将显示所有库中的声音文件，选择所需要的声音，此时声音的波形会显示在该图层上。

7.1.2 设置声音的效果

“属性”面板中的“声音”设置如图 7-1 所示。可选择“效果”选项中的一种，对声音进行设置，该效果的各选项含义为：

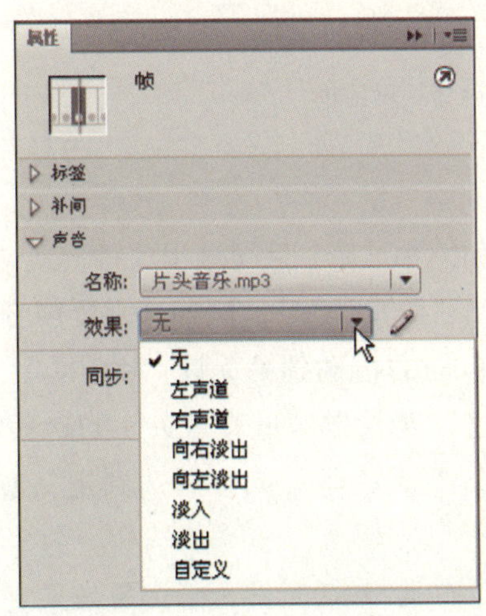

图 7-1 声音效果设置

图 7-2 选择“编辑声音封套”

无：选择此项则不使用任何声音效果；

左声道：只在左边的声道播放声音；

右声道：只在右边的声道播放声音；

向右淡出：音效从左边的声道切换至右边的声道；

向左淡出：音效从右边的声道切换至左边的声道；

淡入：随着声音的播放逐渐增加音量；

淡出：随着声音的播放逐渐减小音量；

自定义：选择此项则打开“编辑封套”对话框，也可点击右边的“编辑声音封套”图标，直接打开“编辑封套”对话框来自定义声音效果。“编辑封套”对话框如图 7-3 所示。

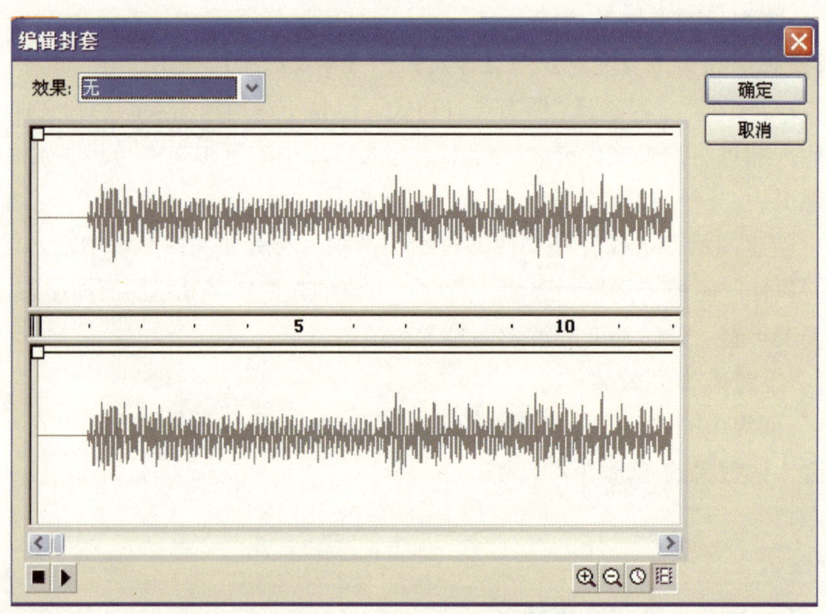

图 7-3 “编辑封套”对话框

图中右下角的图标表示放大和缩小波形、时间轴用“秒”或“帧”显示；时间轴上的滑块标识声音的“起始位置”和“终止位置”。例如，需要声音文件从第 5 帧起开始播放，可将光标放在滑块上按下鼠标向右拖动到第 5 帧；对话框中上下两个区分别为左、右声道波形图，图中的小矩形“□”为控制声道音量大小的封套手柄，可以直接单击曲线添加封套手柄“□”，通过调节手柄“□”的位置达到定义音量的效果，如图 7-4 所示。

调整过程中，可利用左下角的播放控制按钮适时地预听调整效果。

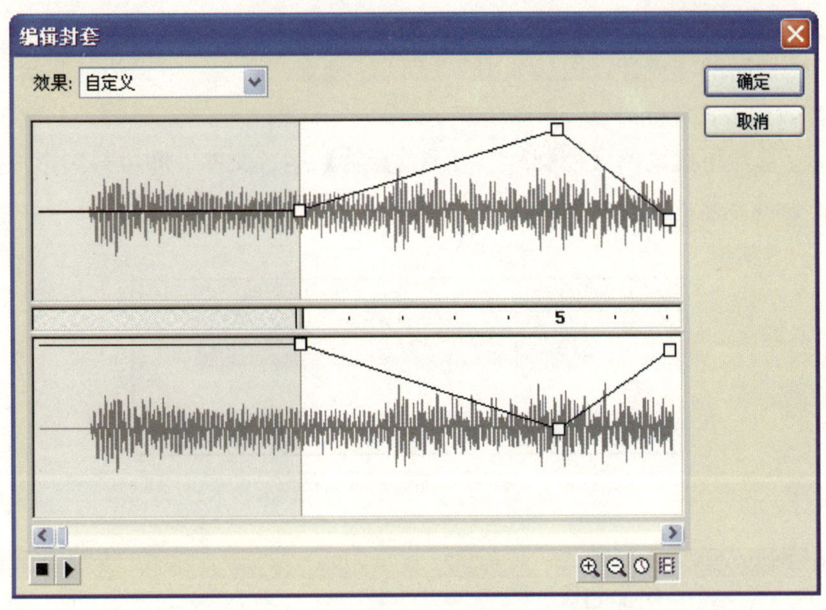

图 7-4 “编辑封套”对话框定义声音效果

7.1.3 设置声音的同步

点击“属性”面板中“同步”下拉列表框，可选择四种声音的“同步”方式，如图 7-5 所示，其中：

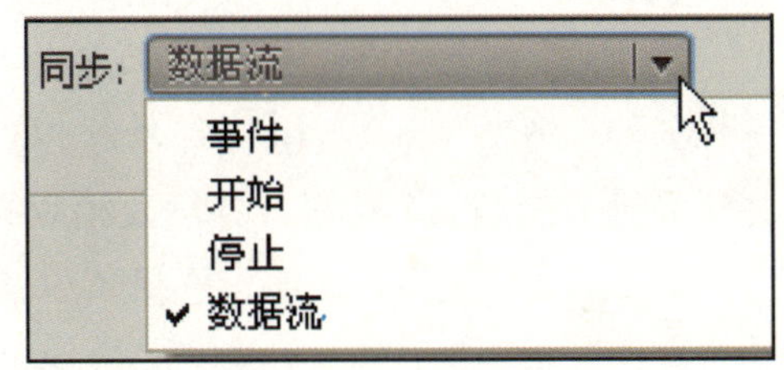

图 7-5 声音的同步方式

“事件”模式下声音是独立于时间轴的。它由某个条件触发开始播放。能确保音效完整地播放完毕，不会引起当动画播放完时而引起音效在播放过程中突然中断。但此种方式会引起同一声音多次重叠播放的情况，因此一般用于较简短的音效，如按钮的配音等；

“开始”模式与“事件”方式相近，每当影片播放时，音效就开始播放一次，但不会出现同一声音多次重叠播放的情况；

“停止”模式为停止声音的播放；

“数据流”模式下声音文件严格与时间轴同步，音效播放的进度与动画播放的进度一致，影片播放时声音播放，影片停止，声音即使没播放完也会结束（该模式不适合为按钮配音，因为按钮仅 1 帧）。

【例 7-1】 为动画配音之实例。

第 1 步：打开已建立的“民间艺术欣赏”动画；

第 2 步：点击下拉菜单【文件】→【导入】→【导入到库】，此时弹出“导入声音文件”的窗口，选择“广东民乐 .mp3”文件，点击“打开”按钮即可；

第 3 步：添加新的图层，点击第 1 帧后，在“属性”面板的“声音”选项中点击“名

称”下拉列表栏，选择“广东民乐 .mp3”，如图 7-6 所示；

第 4 步：此时的“声音”图层如图 7-7 所示；设置“同步”方式为“开始”，使得影片播放与音效同步；

第 5 步：选择下拉菜单【控制】→【测试影片】运行文件，即可得到影片播放时即开启音效的同步效果。

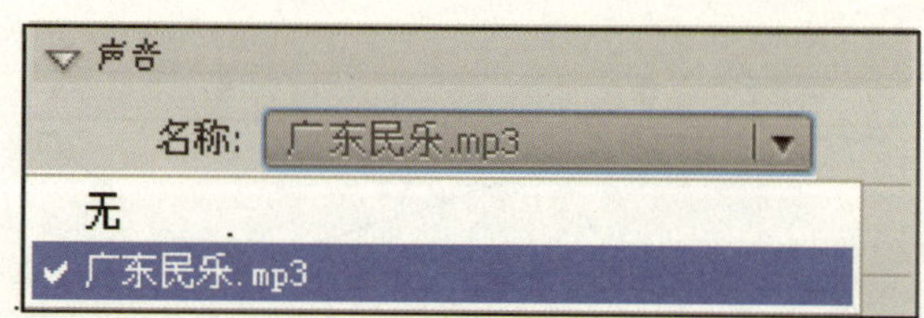

图 7-6　选择声音文件

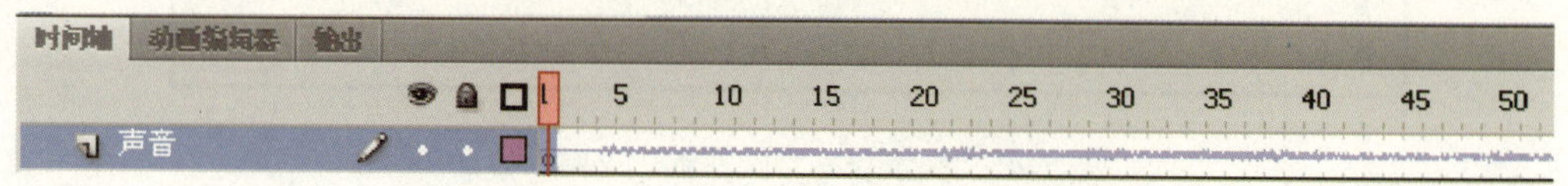

图 7-7　添加了声音文件的图层

【例 7-2】 设计一个声音按钮。

第 1 步：新建一个按钮元件。点击下拉菜单【插入】→【新建元件】，弹出对话框，选择元件“类型”为“按钮”，命名为“按钮”，点击“确定”按钮后，即进入按钮编辑状态；在时间轴上绘制一个按钮，并输入相应的文字；

第 2 步：导入声音文件。选择菜单【文件】→【导入】→【导入到库】，弹出“导入声音文件”对话框，分别选择“门铃 .wav”和“开门 .wav”，导入到库中，如图 7-8 所示；

第 3 步：在按钮编辑状态，新建“图层 2”，点击“图层 2”上的“指针经过”帧，按F7键添加空白关键帧，在“属性”面板的“声音”选项中点击“声音名称”，选择“门铃 .wav”声音文件，此时可见“图层 2”的“指针经过”帧有了声音文件波形，如图 7-9 所示；

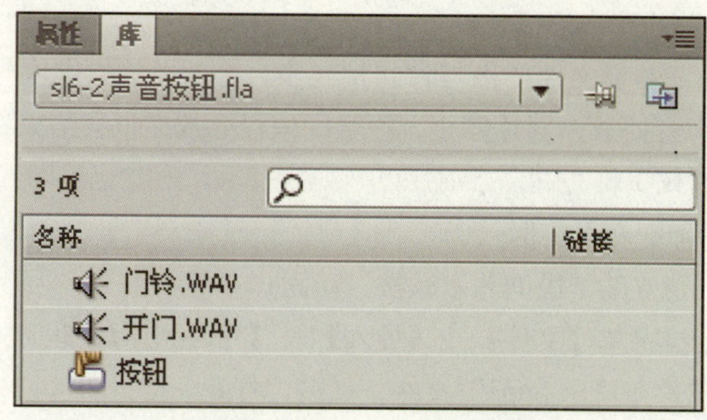

图 7-8　将声音文件导入到库中

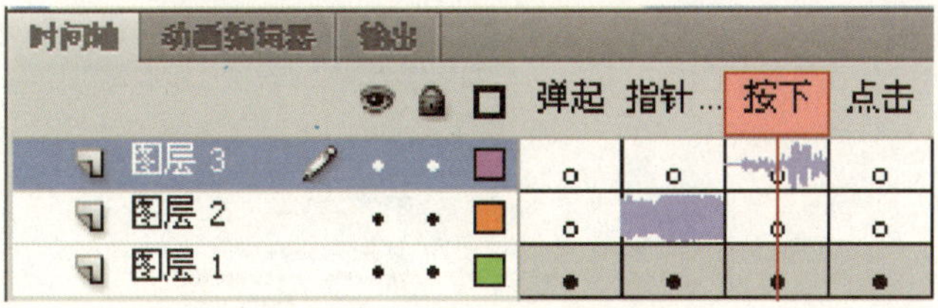

图 7-9 为“按钮”添加声音

第 4 步：新建“图层 3”，选择“图层 3”的“按下”帧，按F7键添加空白关键帧，并选择添加“开门 .wav”声音文件；

第 5 步：回到“场景 1”，将库中的“按钮”元件拖入到舞台中，选择下拉菜单【控制】→【测试影片】运行文件，当光标放在按钮上时，可听见门铃声，当光标放在按钮上并点击左键时，可听到开门声。

7.2 视频文件的导入

Flash CS4 允许将视频文件添加到演示文档中，根据用途和播放的条件有三种添加方式：一是在 Flash 文档中嵌入视频，发布时作为 swf 文件中的一部分，通常此类视频文件应小于 10 秒，否则占用文件空间太大；二是使用 Adopt Flash Media Server 流式加载视频，这是一种实时的媒体传送和优化服务；三是从 Web 服务器渐进式下载视频，这种方式下的视频剪辑提供的效果比实时效果差，通常用于相对较大的视频文件。

Flash CS4 导入的视频文件格式通常为 flv、f4v、mp4、m4v、avc、mov 等。

视频文件可直接导入到舞台或库中，其方法为：点击下拉菜单【文件】→【导入】→【导入视频】，如图 7-10 所示。

打开“导入视频”对话框，根据需导入的视频文件是“在您的计算机上”还是“已部署到 Web 服务器”中进行选择。若为后者，则直接在下方输入服务器网址；通常导入的视频文件为默认设置的“在您的计算机上”，此时还需选择添加方式，之后可点击“浏览”打开对话框，如图 7-11 所示。

选择要打开的视频文件后，点击“打开”，此时若所选择的视频不是 Flash Player 支持的类型，则会出现如图 7-12 所示的警示信息。

警示框提示可启动 Adobe Media Encoder 转换所打开的视频文件，此时点击图 7-11 下方的“启动 Adobe Media Encoder”按钮，并根据提示输出文件的路径和文件名称，单击右方“开始队列”按钮，进行视频格式转换，转换完成后，在“状态”栏中将出现完成标志，关闭“Adobe Media Encoder”窗口。最后，重新点击“浏览”导入视频，选择刚转换的文件，单击“下一步”按钮，进入外观设置，如图 7-13 所示。

在播放器的外观设置中，可选择播放器控件在视频中所处的位置及颜色以配合舞台上其他设计元素的风格，选择后单击“下一步”按钮即可“完成视频导入”，如图 7-14 所示。

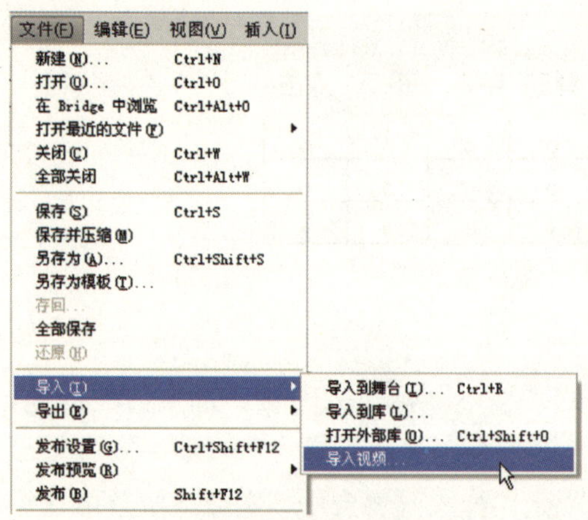

图 7-10 导入视频

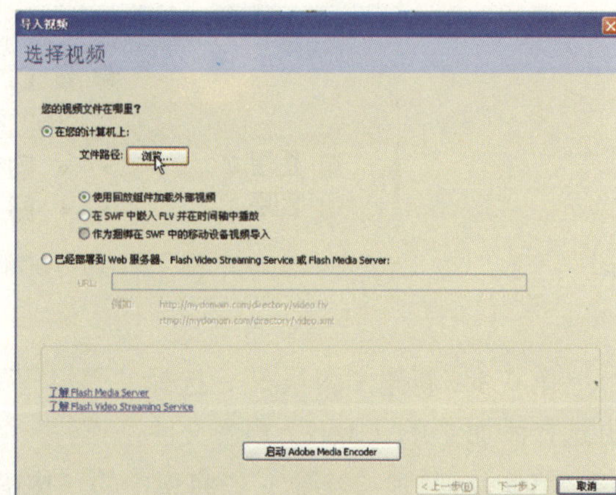

图 7-11 "选择视频"向导

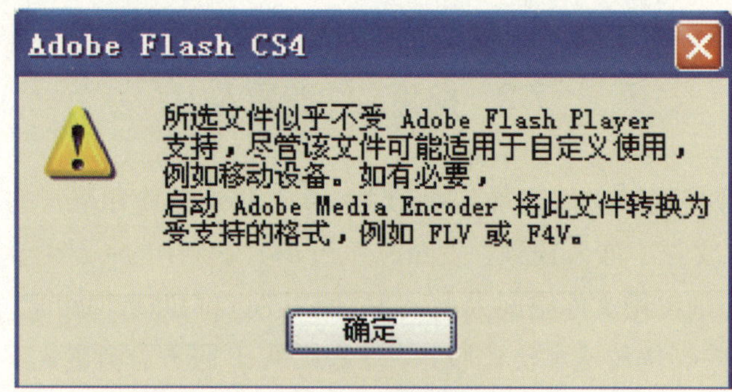

图 7-12 警示信息

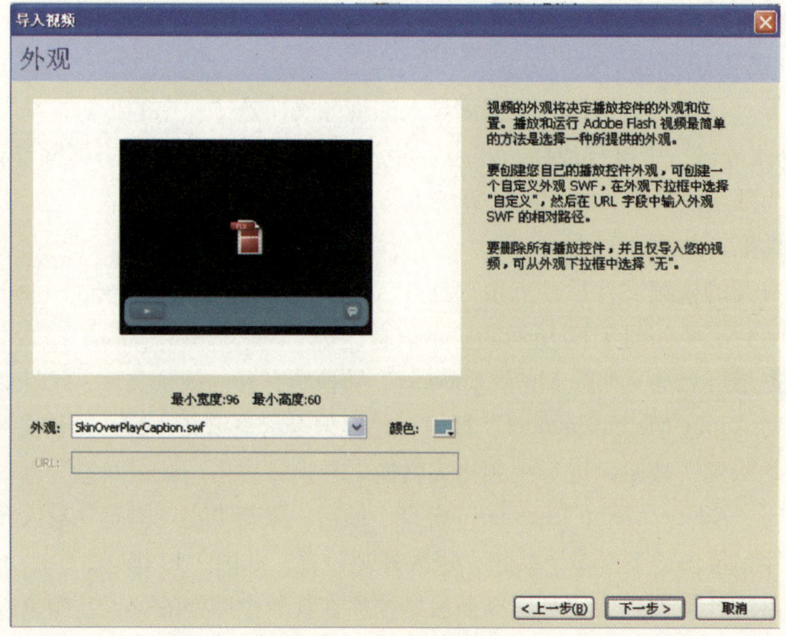

图 7-13 选择视频外观

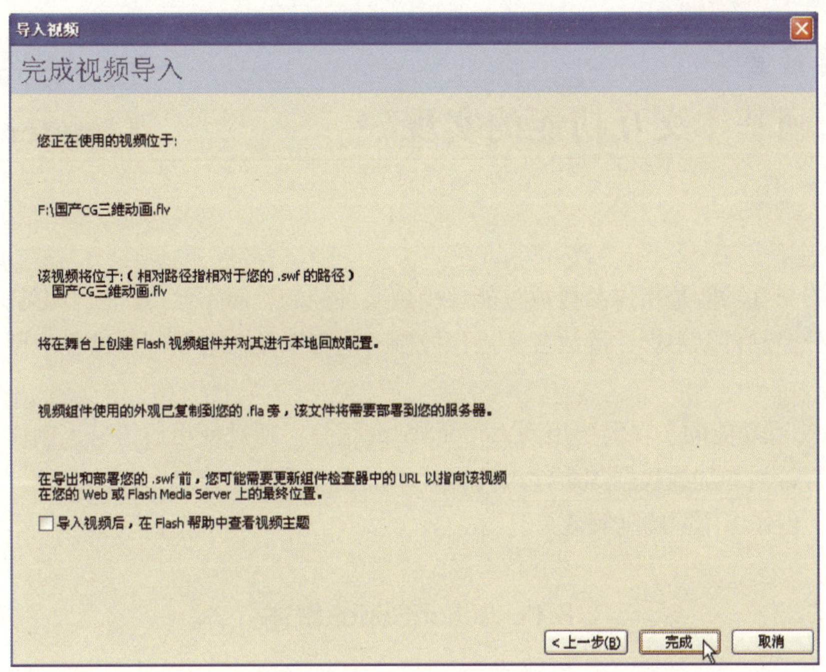

图 7-14　完成视频导入

图 7-15　获取元数据

此时，会出现如图 7-15 所示的“获取元数据”界面，完成后可以看到该视频已经被添加到舞台上，继而可以通过任意变形工具调整视频的大小和所处的位置，至此视频导入全过程完成。

第 8 章 动画基本交互功能的实现

Chapter Eight

动画的交互功能是指作品播放时能够受到某种控制，而不像传统的电影从头到尾地播放，这种控制可以由影片播放者来操作控制，也可以是在动画制作过程中预先设置的某种变化。

Flash 交互功能的实现需要用到 ActionScript 语言。通过使用该语言，创作者可以根据动画运行时间和加载数据等事件来为影片添加交互功能、控制影片的播放，从而实现人机交互、创作出不同的动画效果。

8.1 ActionScript 概述

ActionScript 是一种面向对象的、针对 Flash 的脚本编程语言，简称 AS。ActionScript 语言不仅为用户提供了简单、快捷的开发手段，而且极大地丰富了 Flash 影片的交互性，使得用户能方便地使用鼠标、键盘控制影片的播放效果。

ActionScript 与其他编程语言类似，同样具有语法、变量、函数等编程要素。它由多行语句代码组成，每行语句又是由一些命令、运算符、分号等组成。

Flash 主要有 AS 1.0、AS 2.0 和 AS 3.0 三个版本，各个版本的语法规则有所不同。

AS 1.0 是最早期的版本，它伴随 Flash 5 诞生，具备 ECMA Script 标准的语法格式和语义解释，主要应用于帧导航和鼠标交互。

AS 2.0 与 Flash MX 一起出现，编写方式更加成熟。它引入了面向对象的编程概念，具有变量的类型检测和新的 class 类语法，AS 2.0 比 AS 3.0 更容易学习，虽然其运行速度较 AS 3.0 慢，但对于许多计算量不大的项目仍十分有用，目前很多 Flash 动画的基本交互都是使用 AS 2.0 来实现的。

AS 3.0 诞生于 Flash CS3 时代，与 AS 1.0、AS 2.0 有着巨大的区别，它全面支持 ECMA4 的语言标准，并具有 ECMA4 Script 中的 Package 、命名空间等多项 AS 2.0 不具备的特点。使用 AS 3.0，要求开发人员对面向对象的编程概念有较深入的了解。使用 AS 3.0 的 Flash 文件不能同时包含 AS 早期的版本。

8.2 ActionScript 的编程环境

由于 ActionScript 2.0 与 ActionScript 3.0 不能在一个文件中同时出现，所以在新建文档时首先要选择是采用“ActionScript 2.0”还是“ActionScript 3.0”，如图 8-1 所示；

也可在下拉菜单【文件】→【发布设置】中的“Flash”标签中进行设置，通常使用 ActionScript 3.0 应用程序时，应将“Flash Player 9”或“Flash Player 10”设为目标播放器，如图 8-2 所示。

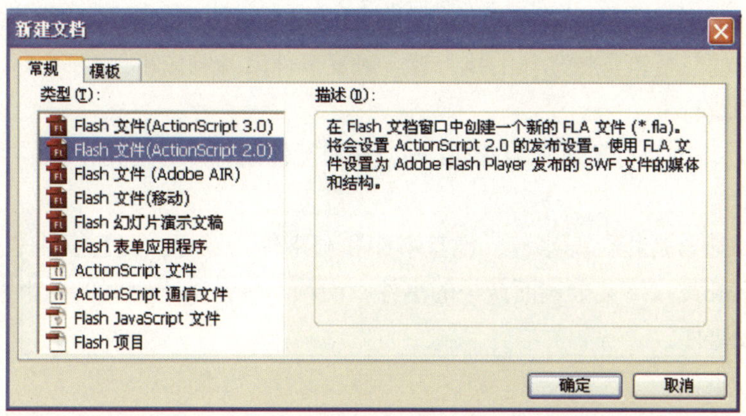

图 8-1 “新建文档”选项

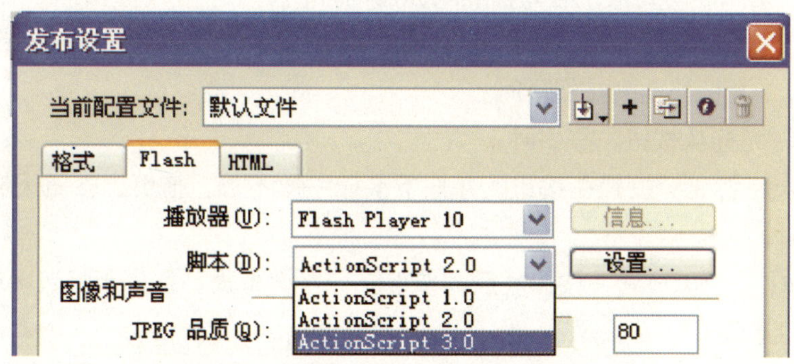

图 8-2 选择播放器和 ActionScript 的版本

在 Flash 中可以通过多种方法使用 ActionScript：

（1）使用“动作”面板：选择菜单【窗口】→【动作】或者按F9键，打开“动作”面板，编写代码或插入所需的 ActionScript 脚本；

（2）使用“行为”功能：选择菜单【窗口】→【行为】或者按Shift + F3打开“行为”面板，在“行为”面板上选择所需操作。该“行为”面板仅对 ActionScript 2.0 以及早期的版本有效，ActionScript 3.0 不支持该功能；

（3）ActionScript 的另一种使用方法是新建一个文件，选择菜单【文件】→【新建】，在“新建文档”对话框中选择“ActionScript 文件”，其文件格式为“.as”，并将该文件存放在对应的 .fla 文件同一目录中，然后在“脚本”窗口进行编程。

8.3 基本的动画交互

8.3.1 交互动画的三要素

ActionScript 语言包含一组简单的指令，用以定义事件、目标和动作。

交互动画的三要素是指动作的执行者、触发事件以及响应事件。

1. 动作的执行者

Flash 中动作的执行者通常为三种：帧、按钮元件或影片剪辑元件；

2. 触发事件

触发事件通常是指鼠标事件、键盘事件和帧事件。鼠标、键盘事件是基于动作的，需通过操纵鼠标或按下某个键而产生的事件，而帧事件是基于时间的，当影片运行到该帧时即可触发事件。

（1）鼠标事件

鼠标事件是用户通过鼠标对某个按钮或影片剪辑元件进行操作而产生的，其方式有：

Press：光标移动到按钮区并按下鼠标左键时；

Release：光标移动到按钮区并释放鼠标左键时；

Release Outside：按下鼠标左键点击按钮，且在按钮区外面释放鼠标左键时；

Roll Over：光标移动到按钮区时；

Roll Out：光标从按钮区移出时；

Drag Over：将光标放置在按钮区并按下鼠标左键不放，拖曳出按钮区域，最后再拖曳到按钮区时；

Drag Out：将光标放置在按钮区后，按下鼠标左键不放，拖曳出按钮区域。

（2）键盘事件

当用户按下字母、数字、标点、符号、箭头、Enter、Ins、Home、PgUp、PgDn 等键时，键盘事件发生，键盘事件区分大小写。键盘事件与按钮实例相连。虽然不需要按钮实例，但它必须存在于一个既定场景中才能使得键盘事件起作用。

（3）帧事件

帧事件是由时间线来触发的，设置在关键帧，用于在某个时间点上触发一个特定的动作，如停止影片或声音的播放、转到指定的帧等。

3. 响应事件

响应事件是动作执行者在触发事件发生后做出的响应动作，包括停止、暂时停止影片的播放、转到指定的帧运行、链接到其他的影片、打开某个指定的网页等。

8.3.2 基本交互脚本的应用

Flash 为用户提供了较便利的开发环境。每一行代码都可以简单地从“动作”面板的“动作工具箱”中直接调出；在输入脚本的过程中，可利用 脚本助手 帮助完成；脚本输入完毕，还可点击“动作工具箱”中的“语法检查”工具图标 来检验是否正确，并获得修改错误的提示。

常用的交互脚本主要有：

1. 在“输出”窗口显示文本的脚本：trace（ ）

在影片的调试过程中，可以在“输出”窗口显示预定的文字或变量，便于动画的调试。如选中某个按钮，点击下拉菜单【窗口】→【动作】，打开“动作”面板，输入脚本：

```
on（press）{
   trace（"欢迎您！"）；
}
```

运行动画时，点击该按钮，在“输出”窗口中会出现“欢迎您！”文字。

又如，点击时间轴上的某个关键帧，点击下拉菜单【窗口】→【动作】，打开“动作”面板，添加数学运算表达式：

```
trace（8/2+9）；
```

则影片运行到该关键帧时，会自动在“输出”窗口显示运算结果“13”。

trace（ ）命令还可输出变量的内容。例如在舞台上某帧建立一个“动态文本”，并设置“属性”面板中的“选项”栏“变量”输入为“aa”；选中该帧，点击下拉菜单【窗口】→【动作】，为该帧输入脚本：

```
aa.text="广州亚运会开幕了！"；
trace（aa.text）；
```

运行影片到该帧时，则会在舞台上的“动态文本”框中显示“广州亚运会开幕了！”，同时“输出”窗口也显示出“广州亚运会开幕了！”文字。

2. 控制时间轴播放的常用脚本命令

为按钮添加下列命令，可以控制时间轴的播放：

```
gotoAndPlay（ ）；// 将播放头转到指定的帧，并从该帧开始播放；
gotoAndStop（ ）；// 将播放头转到指定的帧，并停止播放；
nextFrame；// 将播放头转到当前帧的下一帧；
prevFrame；// 将播放头转到当前帧的上一帧；
nextScene（ ）；// 将播放头转到下一场景；
prevScene（ ）；// 将播放头转到上一场景
play（ ）：// 从某帧播放影片；
stop（ ）：// 在某帧停止影片的播放。
```

上述脚本括号中若为空则表示默认的是当前场景的当前帧；需要时也可同时给出“场景”和“帧”数，例如

```
on（release）{
gotoAndPlay（"Scene2"，20）；
}
```

则表示当释放按钮时，转向“场景2”的第20帧开始播放影片。

【例 8-1】 控制影片的播放、暂停和停止

分析：通常在控制影片的播放、暂停和停止时，同时也需要控制声音的播放、暂停和停止，因此动画的声音应设置为“数据流”同步播放方式。

第 1 步：选择声音同步为“数据流”。打开“SL7-1.fla”，选择“声音”图层的第 1 帧，将“属性”面板上“声音”选项“同步”由“开始”改为“数据流”；

第 2 步：设计按钮。新建图层，并命名为“按钮”层，在第 1 帧上分别设计三个按钮元件“播放”、“暂停”和“停止”，放在舞台的下方，如图 8-3 所示；在最后一帧按F5键延长按钮帧；

民间艺术欣赏

图 8-3 设计“播放”、“暂停”和“停止”按钮

第 3 步：为“播放”按钮添加触发事件。选中“播放”按钮，点击菜单【窗口】→【动作】，打开“动作”面板，点击图标“将新项目添加到脚本中”，此时可选择“全局函数”→“影片剪辑控制”中的“on”，如图 8-4 所示；

此时“动作”面板显示如图 8-5a 所示，双击“release”脚本编辑中自动显示“on (release) {}”；若选中了“脚本助手”选项，则自动打开“脚本助手”对话框，勾选“事件”选项“释放”后，脚本编辑中将自动显示“on (release) {}”，如图 8-5b 所示。

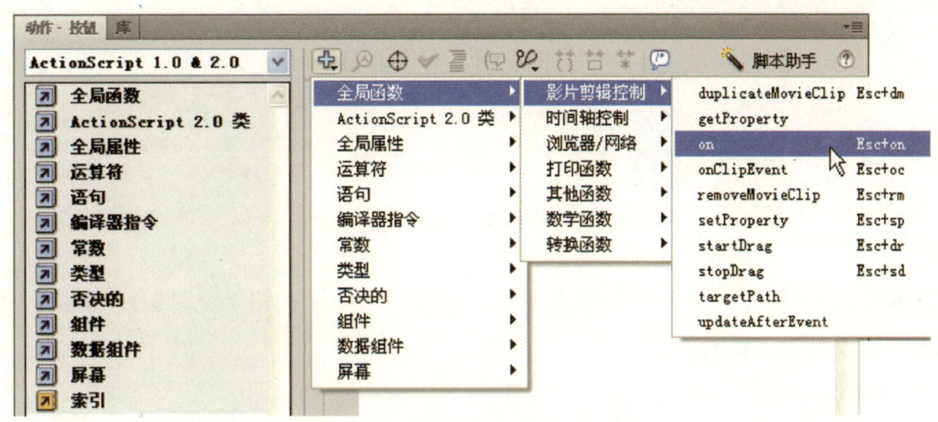

图 8-4 “动作”面板——添加脚本

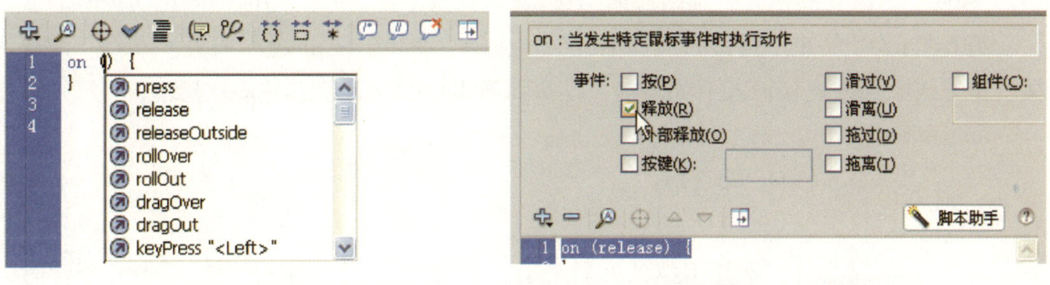

（a）按钮触发事件选项　　（b）“脚本助手”触发事件选项

图 8-5 添加按钮触发事件

第 4 步：为“播放”按钮添加响应事件。将光标放在 {} 中，再点击图标选择“全局函数”→“时间轴控制”中的语句“play”，此时“Play ( )”语句的括号中不给任何帧数，表示播放鼠标按下时的当前帧，“播放”脚本输入完成，如图 8-6、图 8-7 所示；

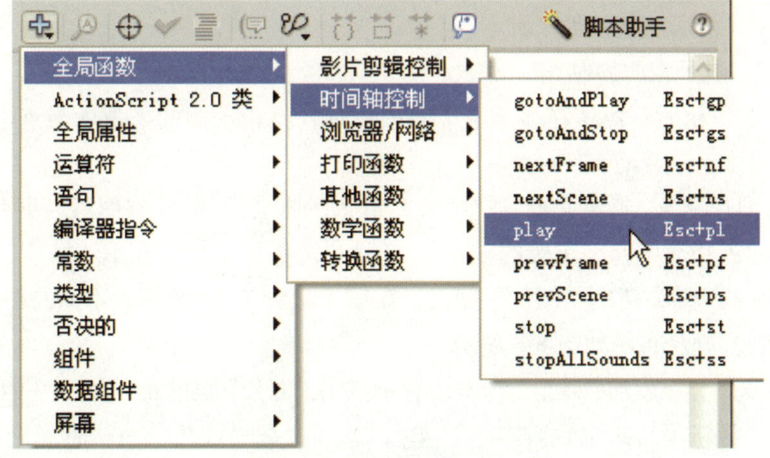

图 8-6 时间轴控制脚本的选择

```
on (release) {
    play();
}
```

图 8-7 “播放”按钮脚本

第 5 步：为“暂停”按钮添加脚本命令。选择“暂停”按钮，打开“动作”面板，按上述方法添加脚本或直接输入：

```
on (release) {
        stop ();
}
```

“stop ( )”语句的括号中不给任何帧数，表示在按下鼠标时的当前帧停止动画的播放；

第 6 步：为“停止”按钮添加脚本命令。选择“停止”按钮，打开“动作”面板，按上述方法添加或直接输入下列脚本，以回到第 1 帧的初始状态并停止播放；

```
on (release) {
        gotoAndStop (1);
}
```

第 7 步：测试影片。选择下拉菜单【控制】→【测试影片】，当按下“暂停”按钮时，影片在当前帧暂停播放，由于声音同步采用的是“数据流”方式，所以音效也随之暂停；当按下“播放”按钮时，影片和声音继续播放；按下“停止”按钮，影片回到第 1 帧的初始状态并停止播放。

若一开始运行影片时，画面停止在第 1 帧，等待按下“播放”按钮时才往下运行，则要在第 1 帧（可在该帧任意图层的关键帧）加上“stop ()；”脚本，即点击“按钮”图层的第 1 帧，打开“动作”面板，点击“将新项目添加到脚本中”，添加“全局函数”→“时间轴控制”中的脚本“stop ()；”或直接输入“stop ()；”即可，这时该关键帧显示为，表示该帧添加了脚本。

【例 8-2】 电子相册的制作。

分析：“电子相册”应该在显示第 1 幅图片时就停止动画的播放，当点击“下一张”按钮后才可逐张向下观看。

第 1 步：图片导入。新建文档，在“图层 1”导入一张背景图，并将图层名更名为“背景”，在舞台下面输入相册主题“可爱的猫咪”；新建“边框”图层，在第 1 帧绘制一个色矩形作为图片的边框；新建“图片”图层，在第 1 帧到第 10 帧导入不同的图片，并且叠放在同一位置。舞台布局如图 8-8 所示；

第 2 步：为“帧”添加“停止”脚本。分别点击“图片”层的每一帧，按F9打开“动作”面板，点击“将新项目添加到脚本中”，添加“全局函数”→“时间轴控制”中的脚本“stop ()；”；

图 8-8 “电子相册”布局

第 3 步：设计按钮。新建“按钮”图层，在第 1 帧分别制作两个按钮“上一张”和“下一张”；

第 4 步：为“按钮”添加脚本。点击“下一张”按钮，按F9打开“动作”面板，输入：

```
on (release) {
    nextFrame ();
}
```

点击“上一张”按钮，按F9打开“动作”面板，输入：

```
on (release) {
    prevFrame ();
}
```

第 5 步：测试与调试动画。运行动画，通过单击按钮“下一张”使动画跳到后一帧并停止，单击按钮“上一张”使动画跳到前一帧并停止，以观赏图片；当图片为第 1 帧时，“上一张”按钮不起作用，而当图片为最后 1 帧时“下一张”按钮也不起作用，这时可在“按钮”层添加关键帧，并去除不起作用的按钮，使得这两帧与其他帧不同，如图 8-9 所示。

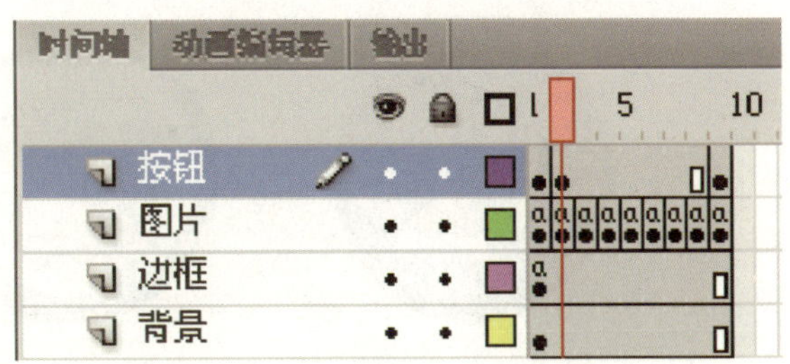

图 8-9 “电子相册”图层及时间轴

3. 外部应用程序的链接

外部目标位于影片区域之外。链接外部应用程序的动作脚本分别是：getURL、

fscommand、Load/UnloadMovie。

例如输入脚本：

```
on（press）{
    getURL（"http：//www.163.com/"，0）；
}
```

表示按下按钮时，进入“http：//www.163.com”网站，用户可直接浏览该网页，关闭该网站即可回重新回到影片的播放界面；

又如在影片的第 1 帧输入脚本：

```
    fscommand（"fullscreen"，"true"）；
```

表示设置“fullscreen”值为真“true”，该影片应用程序窗口变为全屏，不论当前 Flash 文档设置的舞台大小是多少，都将按全屏播放影片；

```
    fscommand（"quit"）；
```

表示停止影片的运行，并退出播放程序；

“Load/UnloadMovie”脚本常用于不同影片之间的互相链接。在大型的 Flash 动画设计过程中，往往需多人分工共同完成，此时要用到影片之间的相互链接。链接的文件为“.swf”格式，且该文件应与被链接的文件放在同一目录中，否则链接时需给出文件所在的路径，下面以实例说明。

【例 8-3】 动物影片的链接。

分析：在主文档中需设计三个动物按钮，分别链接到不同的动物影片中；当进入到被链接的影片后，要在影片中添加“返回”按钮以便能返回到主文档中。

第 1 步：新建一个主文档，另存为“SL8-3.fla”文件，再按照例 4-7 设计三个动物按钮，分别在“鼠标经过”帧添加文字。如当鼠标进入“小鸟”按钮区时，其上方显示“空中飞翔的小鸟”文字，如图 8-10 所示；

图 8-10 三个动物按钮

第 2 步：建立三个动物影片。根据三种动物分别建立三个 Flash 文件：分别是海底游动的小鱼“SL8-3fish.fla”、滑雪的小兔“SL8-3rabbit.fla”和飞翔的小鸟“SL8-3bird.fla”，并分别保存在与“SL8-3.fla”相同的目录中；

第 3 步：为“小鸟”按钮添加链接命令。在主文件“SL8-3.fla”中，点击“小鸟”按钮，选择下拉菜单【窗口】→【动作】打开“动作”面板，对按钮添加下列触发命令和响应事件脚本命令：

```
on (release) {
    loadMovie ("SL8-3bird.swf", 0);
}
```

第 4 步：设计被链接文件的“返回”按钮。打开“SL8-3bird.fla”文件，在“背景”图层上的第 1 帧添加“返回”按钮，并对“返回”按钮添加脚本命令：

```
on (release) {
    loadMovie ("SL8-3.swf", 0);
}
```

第 5 步：生成影片文件。选择菜单【控制】→【测试动画】，生成“SL8-3bird.swf”文件；

第 6 步：测试主文档。在“SL8-3.fla”文档中，选择菜单【控制】→【测试动画】预览动画，鼠标点击小鸟按钮运行动画“SL8-3bird.swf”，在飞翔的小鸟动画中点击“返回”按钮，返回到“SL8-3.swf”主文档中，如图 8-11 所示；

图 8-11　飞翔的小鸟“bird.swf”动画

第 7 步：建立其他影片链接。重复第三步至第六步，在主文档中分别对小鱼、小兔两个按钮设置链接命令，在“SL8-3rabbit.fla”和“SL8-3fish.fla”文档中添加相应的“返回”按钮和脚本，完成三个影片之间的调用和返回操作；

第 8 步：运行动画。在主文档中，选择下拉菜单【控制】→【测试动画】运行程序或直接运行“SL8-3.swf”文件，分别点击三个动物按钮，可调用不同的动物影片，在各动物影片中点击“返回”按钮，又可返回到主文档中。

8.3.3 行为面板的使用

行为面板只能在 ActionScript 2.0 以下版本的编辑环境中使用，“行为”由事件和动作组成，是一些预定义的 ActionScript 函数，可以将它们附加在对象上而不需用户自己编写代码，添加的“行为”所产生的 ActionScript 脚本会自动显示在“动作”面板上。

【例 8-4】 停止影片的声音播放。

在例 7-1 中，若声音文件的“同步”选项为“事件”，则每当重复播放动画时都会再次启动音效，造成声音重叠现象，为此本例可在动画的最后一帧即第 235 帧设置一个帧事件，使得动画运行到第 235 帧时，停止所有声音播放，从而避免音效重叠。

第 1 步：设置声音“同步”选项为“事件”。打开“SL7-1.fla”文档，点击“声音”图层，将声音“同步”选项由“开始”改为“事件”；

第 2 步：动画结束帧添加关键帧。在“声音”图层，选择第 235 帧，按F7添加空白关键帧；

第 3 步：为结束帧添加命令。选择下拉菜单【窗口】→【行为】，打开“行为”面板，点击 选择“声音”→“停止所有声音”，此时“行为”面板输入了对图层 235 帧添加“停止所有声音”的命令，如图 8-12 所示；

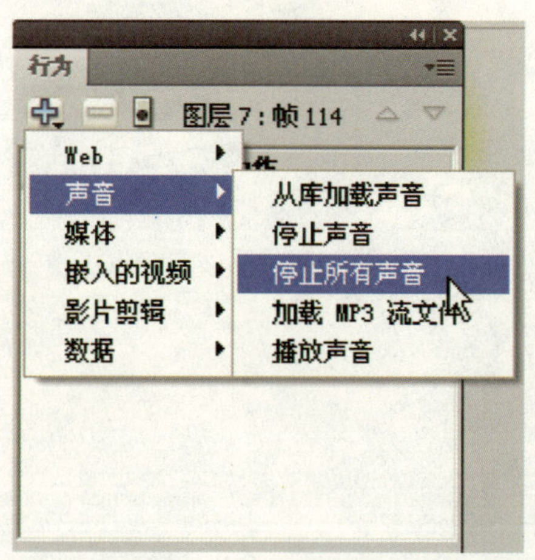

图 8-12 “行为”面板上添加命令

第 4 步：查看脚本命令。关闭“行为”面板，时间轴如图 8-13 所示，第 235 空白帧显示为“ ”，表示该帧添加了动作脚本；此时，打开该帧的“动作”面板，可见系统已自动添加了“停止所有声音”的脚本“stopAllSounds ()；”，如图 8-14 所示，其中第 2 行“//stopAllSounds Behavior”文字为系统自动给出的提示信息；

图 8-13　添加了动作的“声音”图层时间轴

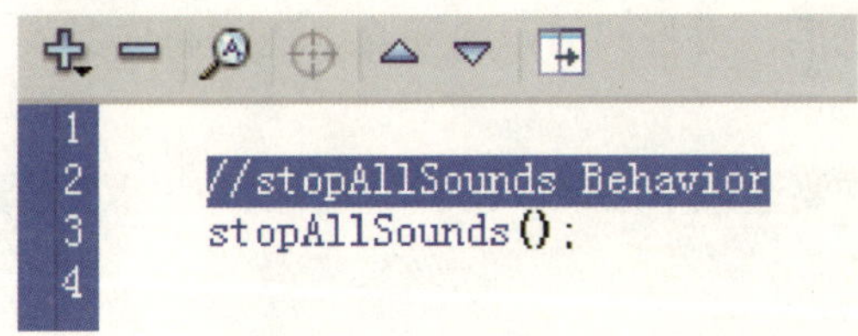

图 8-14　“停止所有声音”的脚本

第 5 步：测试动画。运行动画不再出现重复音效。

若动画有多个声音文件，也可在“行为”面板选择“声音”→“停止声音”并输入声音文件名，实现有选择地停止某个声效。

关于 ActionScript 其他脚本命令的应用以及 ActionScript 3.0 脚本编程的进阶与提高，请读者参考相关文献。

第 9 章
Flash 动画的发布 Chapter Nine

Flash 动画制作完成后，要将其展示给观众，还需将作品发布成需要的格式以满足不同用户的需求。

在动画发布之前，首要选择下拉菜单【文件】→【发布设置】对要输出的文件进行设置，如图 9-1 所示。

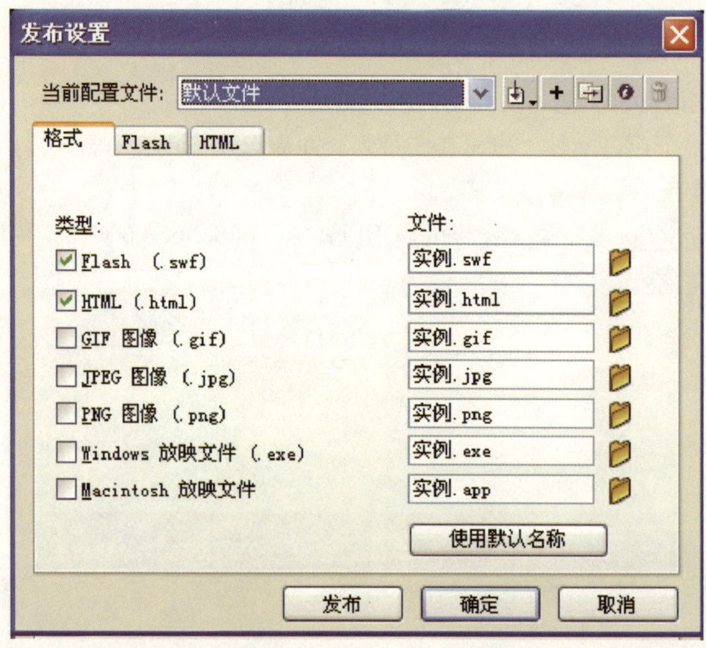

图 9-1 “发布设置”界面

图 9-1 中前两项勾选的“Flash（.swf）”和“HTML（.html）”是默认的格式。当勾选了发布动画的“类型”格式后，“格式”右边会显示对应的标签，单击标签，对所要发布的文件进行设置；在“文件”一栏输入发布的文件所在的目录和文件名称，设置完毕点击“发布”按钮，即可得到所需类型的文件。

9.1 网络动画的测试与优化

网上发布作品，文件的大小很重要。动画越大，下载时间越长，潜在的观众就会失去得越多。因此文件发布前可对动画进行测试和优化。Flash CS4 的集成环境中，根据测试对象的不同，提供了测试影片、测试场景、测试环境、测试动画和测试动画作品的下载功能、生成文件大小的报告（文本文件 report.txt），从而帮助动画制作者发现可能潜在的声音过大、动画和互动效果不佳、下载速度过慢等问题。

1. 测试方法：选择下拉菜单【文件】→【发布设置】，点击“Flash”标签，在“高级”→“跟踪和调试”选项中，勾选“生成大小报告”如图 9-2 所示，当选择【控制】→【测试影片】命令时，就会在生成影片文件“*.swf”的同时，生成一个“Report.txt”文件，以提供用户调试时参考。

图 9-2 生成“Report.txt”文件的设置

2. 测试影片的下载性能：例如打开光盘中“素材文件”目录下的“9fish.fla” Flash 文档，选择菜单【控制】→【测试影片】或【控制】→【测试场景】激活测试环境，选择【视图】→【下载设置】在弹出的子菜单中选择一种带宽，用以测试动画在该带宽下的下载性能，如图 9-3a 所示。

选择【视图】→【带宽设置】，影片在运行过程中同时会在播放界面上方显示测试信息，如图 9-3b 所示。该图左边显示的是动画运行过程中测试的下载属性中的重要信息，如持续时间、预加载信息等；右边是勾选了【视图】→【数据流图表】显示出已下载到的动画数据流量，放映头表示当前播放的位置；灰色方块表示帧，红线以上的块表示数据流动过程中可能引起暂停的区域，如果超出红色线条，则必须等待该帧加载后播放；

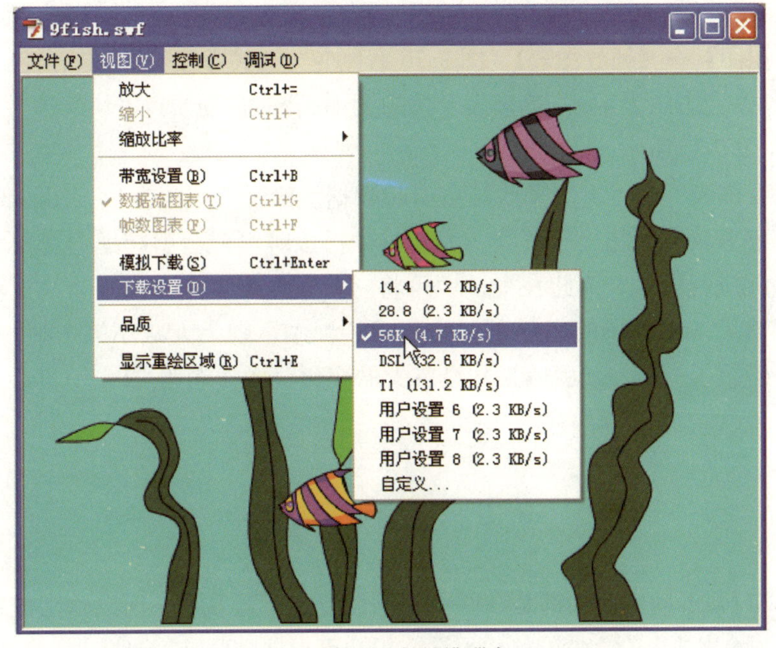

(a) 选择“下载设置”带宽

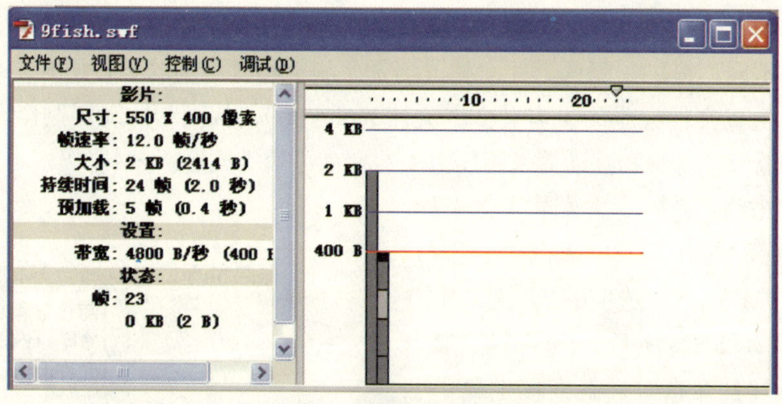

(b)“数据流图表”

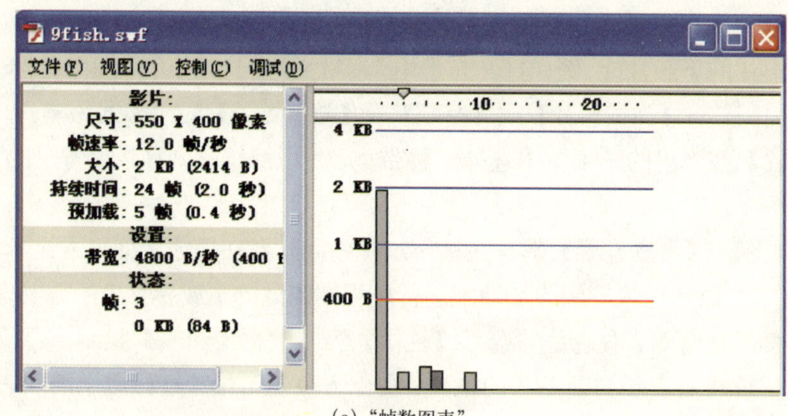

(c)“帧数图表”

图 9-3 测试影片下载性能

选择【视图】→【帧数图表】，图 9-3b 右侧变为“帧数图表”显示出已下载到的动画帧数图表，灰色方块表示帧，高度表示帧的大小，没有出现灰色方块的地方为空帧（非关键帧），如图 9-3c 所示。

从“帧数图表”中可看出哪些帧会引起数据流的延迟现象发生，图 9-3c 对话框中的第 1 帧灰色方块大大超出了红线，表示该帧播放时可能会引起延迟现象，用户可根据测试的情况进行调试。为此在本例中可将“背景”图层除去，改为“文档属性”背景设置，再将第 1 帧出场的小鱼全部移至后续帧中，则大大减小第 1 帧的数据流量，预加载时间缩短了一半，动画效果却没有大的变化（文件名为“9fish1.fla”），如图 9-4 所示。

9.2 输出电影文件

大部分的 Flash 动画应用都是在网页上供浏览者下载观看，所以输出成动画影片是最佳的选择。输出成电影文件的格式很多，用户可根据需要进行选择。

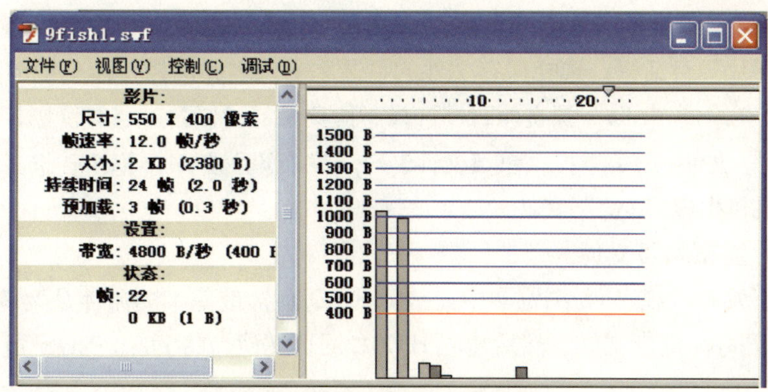

图 9-4 修改后的“帧数图表”

9. 2 .1 输出 Flash Movie

SWF 电影文件格式是 Flash 自身的动画格式，也是系统默认的格式。其文件压缩得很小又不失真，网络下载的速度很快。

选择下拉菜单【文件】→【发布设置】，点击“Flash”标签打开如图 9-5 所示的对话框。在对话框中根据需要选择“播放器”的版本和“脚本”的版本；“图像和声音”选项中可设置图像的品质和声音的输出设置；“SWF 设置”中可选择是否对影片进行压缩处理等；“高级”选项除了生成大小文件报告外，勾选“防止导入”、“允许调试”将激活“密码”栏，以防止他人随意更改影片。

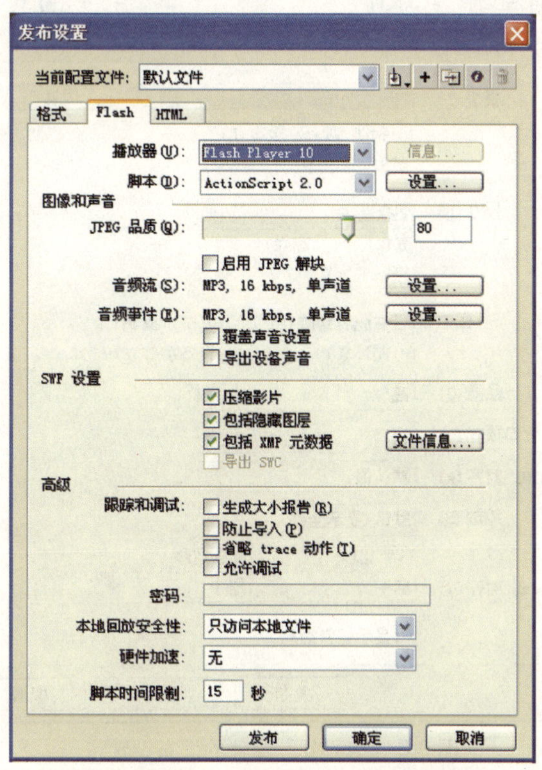

图 9-5 输出“.swf”影片文件的发布设置

输出“.swf”影片文件方法有多种：一是选择下拉菜单【文件】→【导出】→【导出影片】，打开“导出影片”对话框，选择保存文件的目录和文件名并选择文件类型为“.swf”，保存即可；二是在编辑“. fla”源文件时，选择下拉菜单【控制】→【测试影片】时，会同时生成“.swf”文件；三是下拉菜单【文件】→【发布设置】对话框中，选择下面的“发布”按钮，也可生成“.swf”文件。

9. 2.2 发布网页文件

要将动画发布成在 Web 浏览器中播放 Flash 动画，最基本的条件是要将 Flash 动画输出成 Flash Player 电影文件，然后建立 HTML 网页文件，将 Flash Player 电影文件放到网页中去。

通常网页文件不支持中文文件名，因此在“发布设置”中应给文件命名为英文名称。

在【文件】→【发布设置】的“HTML”标签中，可以设置动画显示窗口及尺寸，定制 HTML 网页中的 Flash Player 电影文件的大小、是否重复播放、影片质量等，如图 9-6 所示。

在下拉菜单【文件】→【发布设置】中勾选“HTML”，再点击“发布”按钮，即可生成“.html”文件。

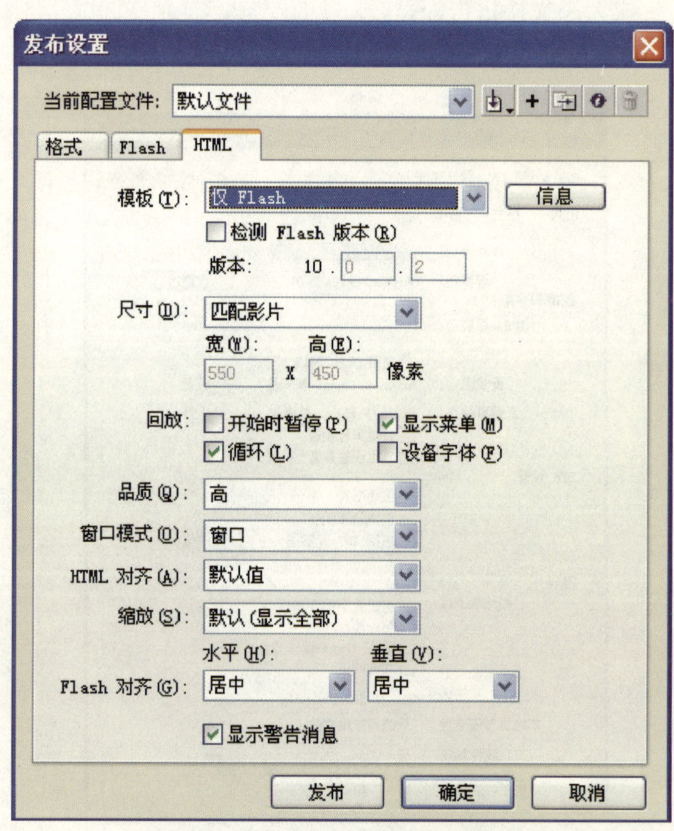

图 9-6 “HTML”文件的发布设置

9. 2.3 输出 Windows AVI 电影文件

AVI 格式是 Windows 操作系统的标准视频文件格式，其视频文件由位图所构成，所以输出后的视频文件会很大。其视频文件虽然保持了音效的质量，但不支持任何交互功能。

输出 Windows AVI 电影文件的方法是，选择下拉菜单【文件】→【导出】→【导出影片】，打开“导出影片”对话框，选择保存文件的目录和文件名、文件类型为“.avi”，点击“保存”后系统会弹出“导出 Windows AVI”对话框，如图 9-7 所示。用户可根据需要设置，由于目前许多应用程序仍不支持 Windows32 位彩色，所以通常使用 24 位彩色的图形格式。点击“确定”按钮即可输出“.avi”文件。

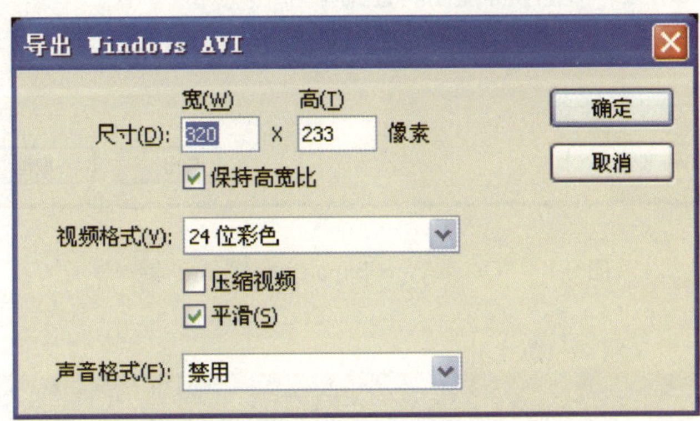

图 9-7 “导出 Windows AVI”对话框

9. 2.4 输出 Quick Time 电影文件

Quick Time 电影文件是 Adobe 公司开发的一种影片格式，它能保留 Flash 动画中的声音以及大多数的交互功能的内容，而且文件所占空间也不大，是除了 Flash Player 电影文件以外，能够呈现最多 Flash 动画内容的文件格式，目前被广泛地应用在网页设计上。

要播放 Quick Time 电影文件，必须安装 Quick Time Player。

输出 Quick Time 电影文件的方法是，选择下拉菜单【文件】→【导出】→【导出影片】，打开“导出影片”对话框，选择保存文件的目录和文件名，并选择文件类型为“.mov”，选择保存后系统会弹出“Quick Time Export 设置”对话框，如图 9-8 所示，用户根据需要设置后按“确定”按钮即可输出“.mov”文件。

9.2.5 输出 Animated GIF 动画

GIF 文件是由连续的 GIF 图形文件所构成的动画文件。由于 Internet 浏览器支持 Animated GIF 动画文件，所以普遍应用在网页上。用 Flash 制作动画，再输出成 Animated GIF 动画文件，就可以制作出占用空间小、画面又流畅的动画文件。但 GIF 无法保留 Flash 的声音和交互部分。

在导出“.gif”动画之前，需选择下拉菜单【文件】→【发布设置】，勾选“GIF 图像”，并点击“GIF”标签，设置“回放”为“动画”，如图 9-9 所示，否则，“回放”默认设置通常为“静态”，输出的仅是第一帧的“.gif”图像。

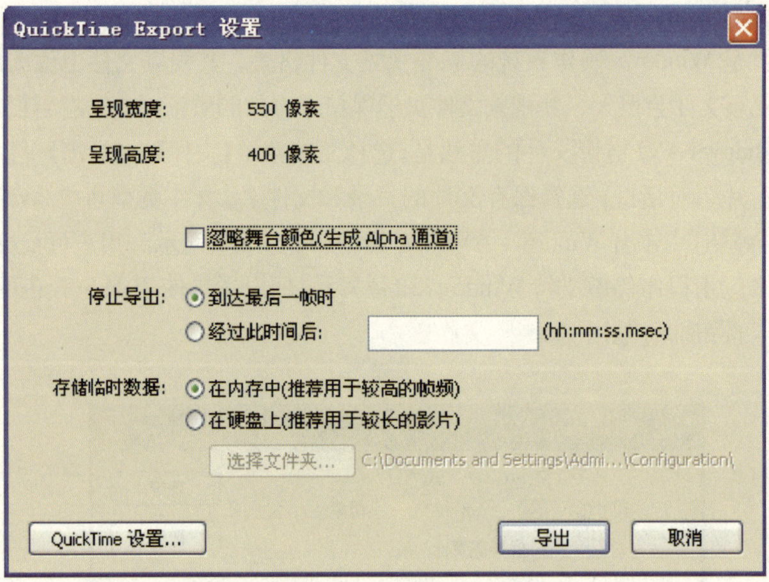

图 9-8 “Quick Time Export 设置”对话框

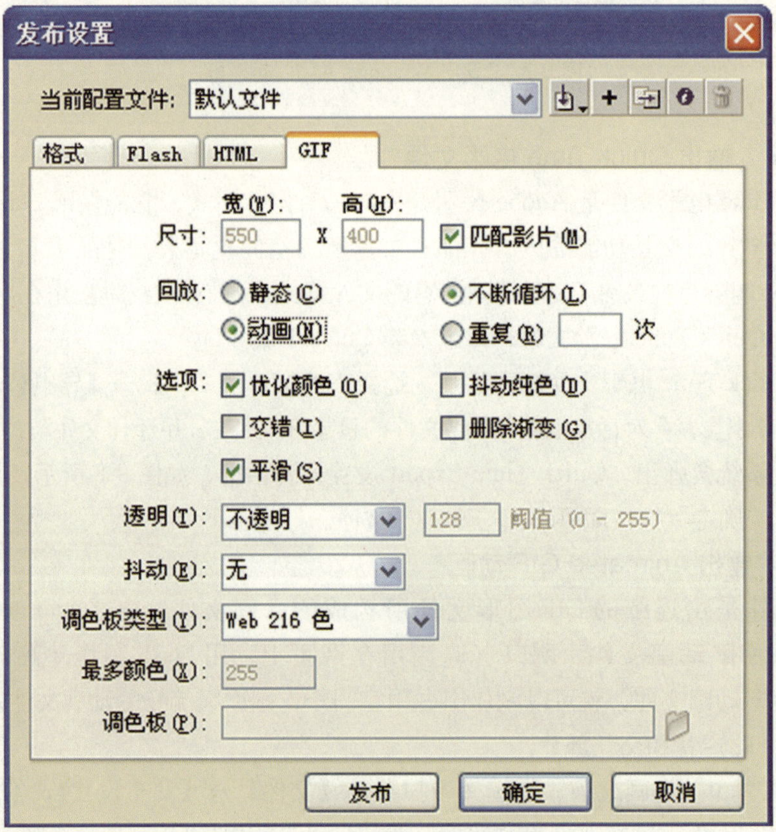

图 9-9 GIF 动画发布设置

输出 Animated GIF 动画的方法是，在下拉菜单【文件】→【发布设置】中选择“发布”生成“.gif”文件；也可选择下拉菜单【文件】→【导出】→【导出影片】，打开“导出影片”对话框，选择保存文件的目录和文件名并选择文件类型为“.gif”，点击“保存”按钮后系统会弹出“导出 GIF”对话框，如图 9-10 所示，设置完毕后按“确定”按钮即可输出“.gif”文件。

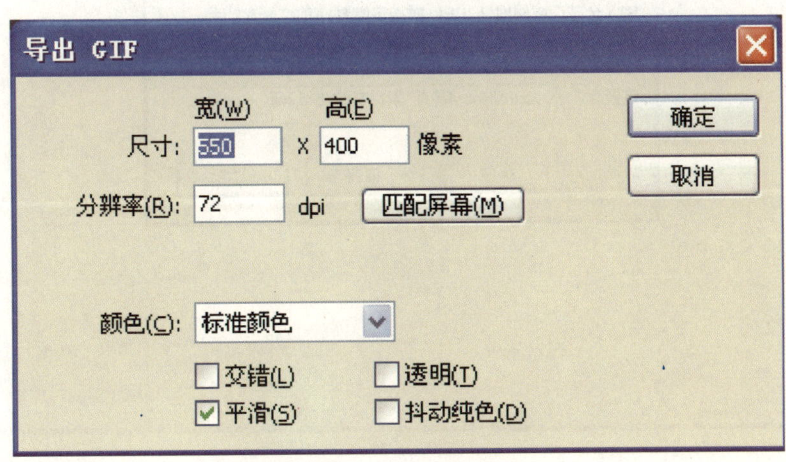

图 9-10 “导出 GIF”对话框

9.2.6 输出 .exe 可执行文件

运行 Flash 动画通常需要安装 Flash 插件或播放器，.exe 文件是可独立运行的执行文件，不需任何的附带文件就可以在 Windows 系统中播放，其运行效果与 Flash 动画效果相同。

输出 .exe 文件的方法是，在下拉菜单【文件】→【发布设置】中勾选“Windows 放映文件”，再选择“发布”生成“.exe”文件；

也可以先运行 Flash CS4 安装目录下的“Players”文件夹中的“Flash Player.exe”文件，选择下拉菜单【文件】→【打开】，弹出“打开”对话框，如图 9-11 所示；此时点击“浏览”，选择“bird.swf”文件按“确定”按钮后运行动画；然后再点击下拉菜单【文件】→【创建播放器】，如图 9-12a 所示；在“另存为”对话框中输入目录和文件名称，“保存”后即可生成“.exe”文件，如图 9-12b 所示。

此时保存的“bird.exe”文件包含了播放器，其文件远远大于其他影片格式。图 9-13 所示为“bird.fla”输出的各种类型影片文件，读者可从中可比较各类文件的大小。

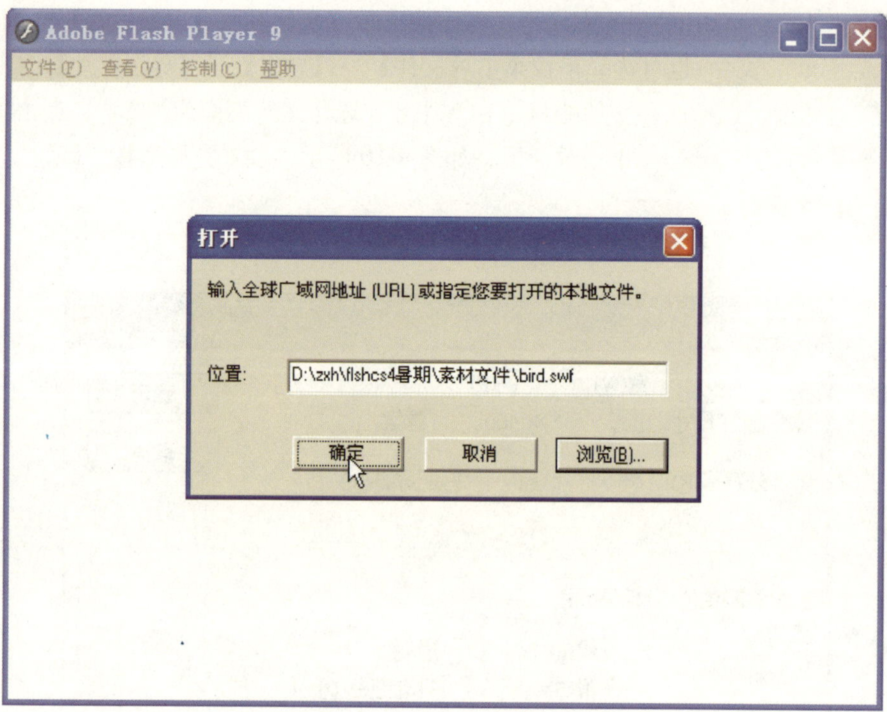

图 9-11 “打开”.swf 文件对话框

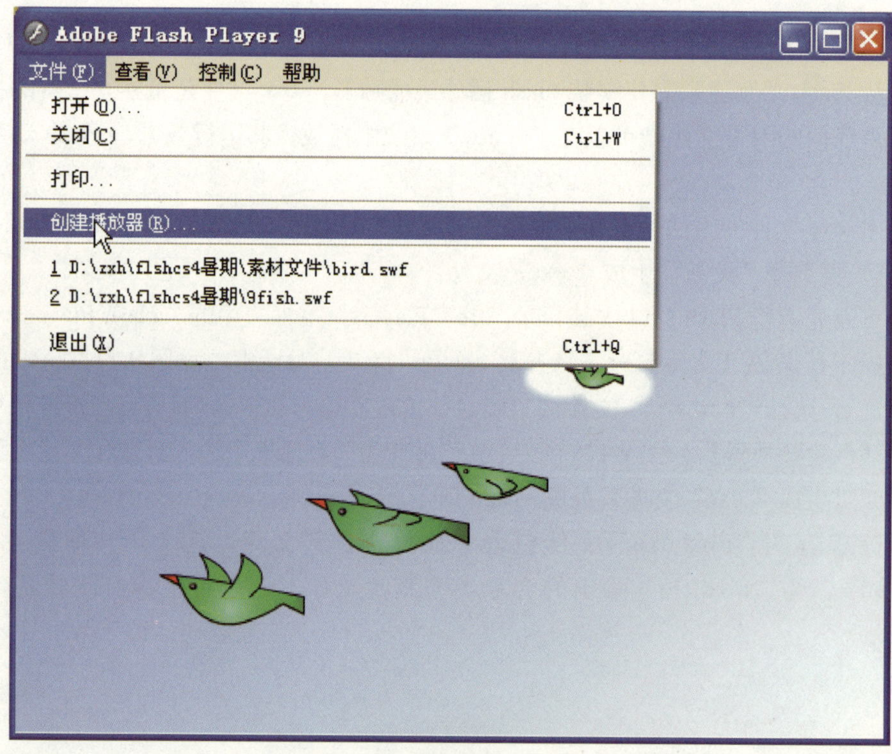

(a) 创建播放器

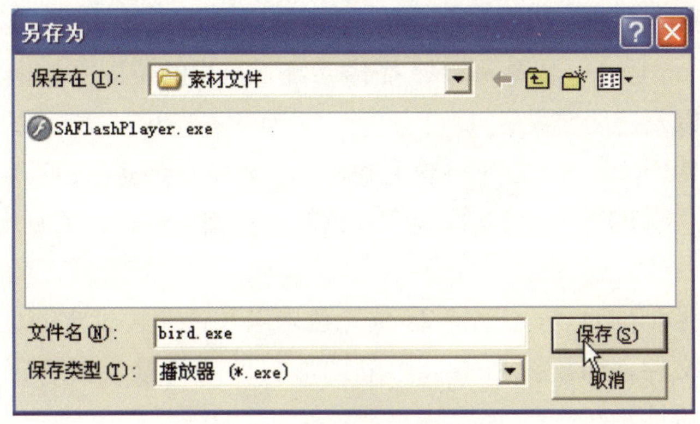

(b) 保存文件

图 9-12　建立可执行文件

名称	大小	类型
bird.png	31 KB	ACDSee PNG 图像
bird.jpg	11 KB	ACDSee JPEG 图像
bird.html	10 KB	360seURL
bird.swf	4 KB	SWF 影片
bird.gif	66 KB	ACDSee GIF 图像
bird Report.txt	4 KB	文本文档
bird.exe	2,708 KB	应用程序
bird.fla	99 KB	Flash 文档

图 9-13　各种类型影片文件比较

9.3　输出图像文件

图像文件的输出可以将动画的某一个画面输出成单一的图像，还可以将动画所有的内容输出成连续的图像。这样输出的连续图像依照场景时间轴行进的顺序，一帧一帧地排列；若有多个场景，则依照场景的顺序将全部场景都输出排列成连续的图像文件。

图像文件的输出方法是，选择下拉菜单【文件】→【导出】→【导出影片】，打开"导出影片"对话框，选择保存文件的目录和"文件名"，选择"保存类型"，点击"保存"按钮即可。

注意：输出单一图形，应先将指针移至所要截取的画面帧上。

常用的图像格式及其特性如下：

Flash Movie（.swf）——可浏览静止图片，还能存贮 Flash 动画的交互和声音部分。

Windows Metafile（.wmf）——Windows 操作系统下的影像交互格式，可同时存贮矢量图和位图信息，适合作为 Flash 与 Windows 操作系统的矢量绘图软件之间的交换图形文件格式。

Adobe Illustrator（.ai）——是使用 PostScript 语言描述的矢量图形文件格式，几乎所有的矢量绘图软件都支持 Adobe Illustration 图形文件，所以它非常适合作为 Flash 与

Windows 操作系统的矢量绘图软件之间的交换图形文件格式。

位图文件（.bmp）——是 Windows 操作系统下通用的位图文件格式，Flash 可以支持到 32 位元色彩以及透明度设定（画面尺寸、分辨率、范围、色彩质量等）。

JPEG 图像文件(.jpg)——支持 24 位元色彩的位图文件格式,且可以压缩成图形文件。

GIF 图像文件（.gif）——只支持到 256 色的位图文件格式，失真度较高，但文件所占空间小，适合在网页上应用。

PNG 图形文件（.png）——支持 24 位元色彩以及透明度设定的位图文件格式，且可以压缩成图形文件，而压缩后不会影响图形文件的质量，也适合在网上应用，比 JPEG 图形文件的质量要好。

增强源文件（.emf）——为矢量图形。

第 10 章
动画设计综合应用实例 Chapter Ten

本章以“建筑图片欣赏”作为综合应用实例，介绍其设计制作过程。

10.1 总体结构设计

本例共设计了四个相对独立的 Flash 文件，其中“SL10-1.fla”为主界面，该程序利用 ActionScript 语句（LoadMovie）分别链接了三个影片：世界奇特建筑“SL10-1qtjz.swf”、上海世博场馆“SL10-1sbjz.swf”和广州亚运新建场馆“SL10-1yycg.swf”。这四个文件均放在同一个目录中，以方便相互之间的链接。

被链接的三个影片均呈现为建筑图片的浏览，分别采用了逐张播放、电子相册浏览和选择浏览动画播放形式。在每个影片的运行过程中均可随时返回到主界面“SL10-1.swf”中甚至直接退出。

该综合应用实例的总体结构设计如图 10-1 所示。

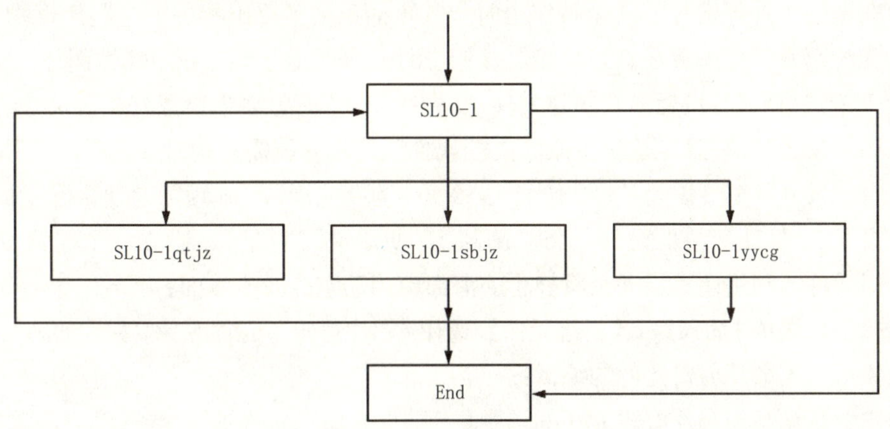

图 10-1 “建筑图片欣赏”总体结构

“SL10-1.fla”主界面设计如图 10-2 所示。

图 10-2 “SL10-1.fla”主界面

10.2 设计制作过程

10.2.1 主界面“SL10-1.fla”设计制作

主界面除了标题和四个按钮设计之外，还将海景设计为海水涌动的动态景象。当光标落在链接了外部影片的三个按钮上时，其水面上会漂浮出相关的主题建筑物，如图 10-2 中光标落在“广州亚运新建场馆”按钮上时，水面上浮现出亚运场馆图片。

第 1 步：文档属性设置。在新建文件“SL10-1.fla”时，要先设置好舞台尺寸的大小，当导入图片较多时，一旦定位再更改“文档属性”的尺寸就需花费较多的时间。“SL10-1.fla”舞台“尺寸”宽度设为“650 像素”、高为“500 像素”；“帧频”为默认值“12”；

第 2 步：“背景”图层设计。将“图层 1”更名为“背景”。建立一个“背景动画”影片剪辑元件，利用遮罩层动画将静止的海面变为动态的波浪水面；

选择下拉菜单【插入】→【新建元件】，选择“影片剪辑”，元件名为“背景动画”，按“确定”按钮后进入影片剪辑元件的编辑：

将“背景动画”影片剪辑元件的“图层 1”更名为“原背景”，导入静态的悉尼歌剧院的海景图片到第 1 帧；新建“水面”图层；将“原背景”图层的背景图复制后，鼠标右键点击舞台，在弹出的快捷菜单中选择“粘贴到当前位置”将背景图粘贴到“水面”图层的第 1 帧，如图 10-3a 所示；选择下拉菜单【修改】→【分离】将该图形打散后将水面之外的所有图形删去，如图 10-3b 所示，选中该图，按键盘→和↓钮各一次，使得其“水面”的图片与“原背景”的图片有一个错位；添加“遮罩”图层，绘制图 10-3c 所示的线条，其线条应该覆盖所有的水面，由上向下设置补间运动，其图层与时间轴如图 10-3d 所示。

(a) 海景原图

(b) 删去了固定景色和游艇的海水图

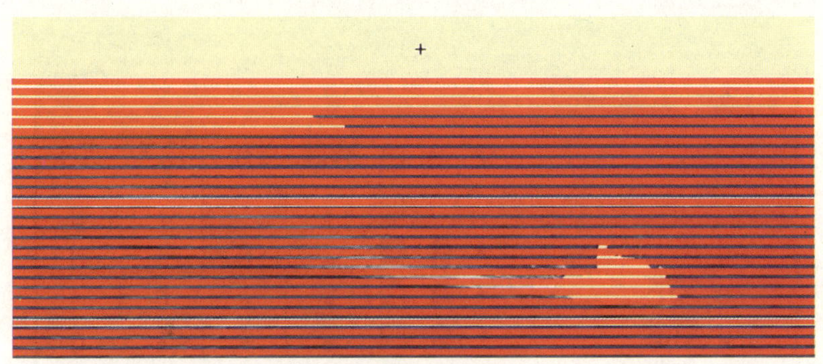

(c) 水面遮罩层图形

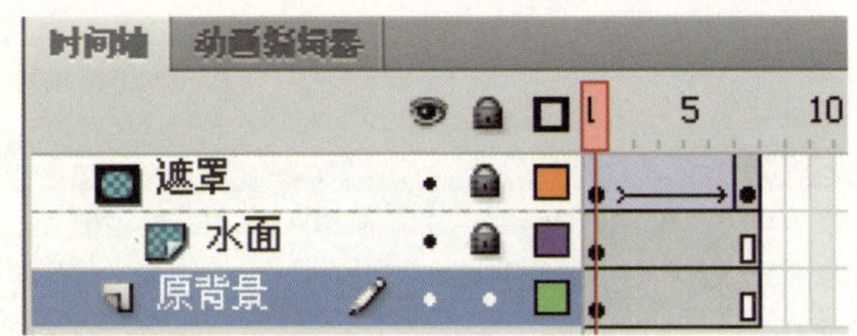

(d) “背景动画”影片元件的图层与时间轴

图 10-3 “背景动画”影片元件的制作

返回场景，点击“背景”图层的第 1 帧，将刚才制作的“背景动画”影片剪辑从库中拖到舞台上；

第 3 步：“建筑图片欣赏”标题的设计。新建图层为“标题”；为使主界面更加生动，标题“建筑图片欣赏”利用补间动画实现标题文字从小变大、翻转到位的动画效果，并在最后一帧添加“stop( )；”语句，使得进入该主菜单界面时“建筑图片欣赏”影片剪辑只运行一次；

第 4 步：链接三个影片“按钮”的设计。三类建筑名称分别制作为按钮元件，放在不同图层中，利用运动补间动画先后紧随标题淡出画面；

每个按钮元件中添加了一颗闪烁星的影片剪辑元件置于按钮的左侧，以区别于标题“建筑图片欣赏”。为了统一三个按钮元件的外观，可先制作一个多层按钮元件：分别设计出底图、边框、文字及影片剪辑部分，然后选中“库”面板中的该元件，点击鼠标右键，选择“直接复制”，打开“直接复制元件”对话框，更改“名称”后，点击“确认”按钮，“库”中即增加了一个相同的按钮元件，此时只需对新增元件中的文字部分进行更改即可得到另一个与之外观完全相同的按钮元件；

第 5 步：“按钮”的热区动画。当光标位于三个建筑名称的按钮上时，分别在右侧动态显示出相应的建筑图片。该动画由影片剪辑元件完成，放置在按钮的“指针经过”帧来实现，如图 10-4a 所示。图中“主题建筑”图层“指针经过”帧为影片元件，该影片元件使用遮罩动画实现由下向上的浮出水面效果；被遮罩层的建筑图片转换为图形元件，采用运动补间实现建筑图片的淡入淡出效果，其图层与时间轴如图 10-4b 所示；

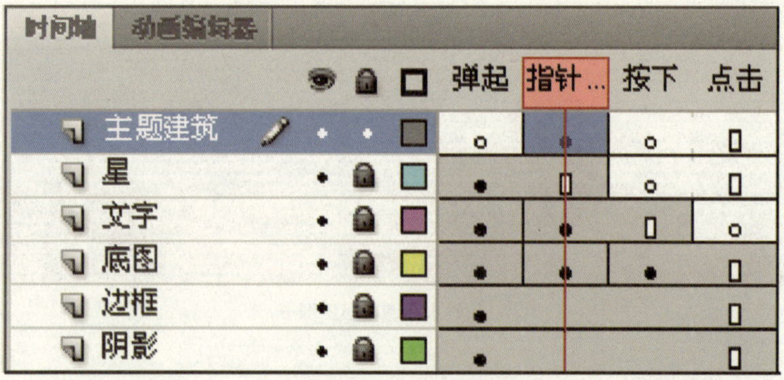

(a) 按钮图层与时间轴

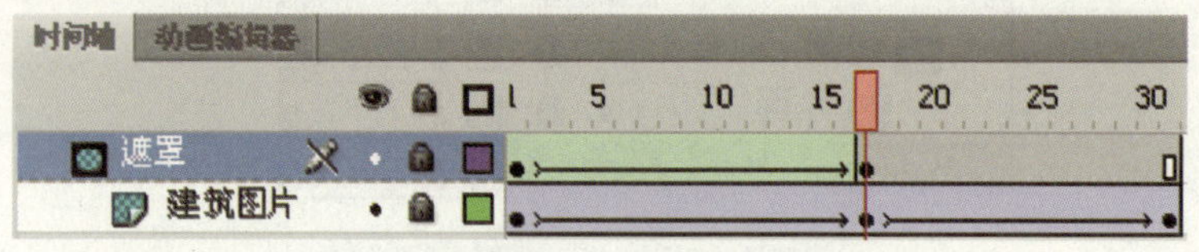

(b) 主题建筑影片元件的图层与时间轴

图 10-4　三个“按钮”的热区动画设计

第 6 步：退出按钮的设计。将退出按钮单独放在“退出”图层中。退出按钮伴随着三个建筑名称按钮的出现，自上翻转落在背景图的游艇上甲板处。退出按钮由影片剪辑元件实现，以丰富界面的动画效果；

第 7 步：为三个建筑名称按钮添加脚本命令。被链接的文件必须是“.swf”格式的影片文件。分别点击“世界奇特建筑”、“上海世博场馆”和“广州亚运新建场馆”三个按钮，依次选择下拉菜单【窗口】→【动作】，输入下列脚本来分别链接三个建筑图片展示的影片：

```
on (release) {loadMovie("SL10-1qtjz.swf", 0); }
on (release) {loadMovie("SL10-1sbjz.swf", 0); }
on (release) {loadMovie("SL10-1yycg.swf", 0); }
```

选中影片剪辑元件实例，选择下拉菜单【窗口】→【动作】，为结束程序添加脚本命令：

```
on (release) {fscommand("quit"); }
```

第 8 步：设置动画满屏播放。在“标题”图层的第 1 帧添加脚本：

```
fscommand("fullscreen","true"); }
```

第 9 步：添加音乐。新增图层，更名为“配音”；点击下拉菜单【文件】→【导入到舞台】，激活“导入”对话框，选择一个长短合适的声音文件后，点击“打开”按钮，将声音文件导入；选择“属性”面板“声音”中文件名称，并设置“同步”选项为“事件”；

第 10 步：测试程序。按Ctrl + Enter键，预览并测试动画，建立“SL10-1.swf”影片文件。

主界面“SL10-1.fla”的图层与时间轴如图 10-5 所示。

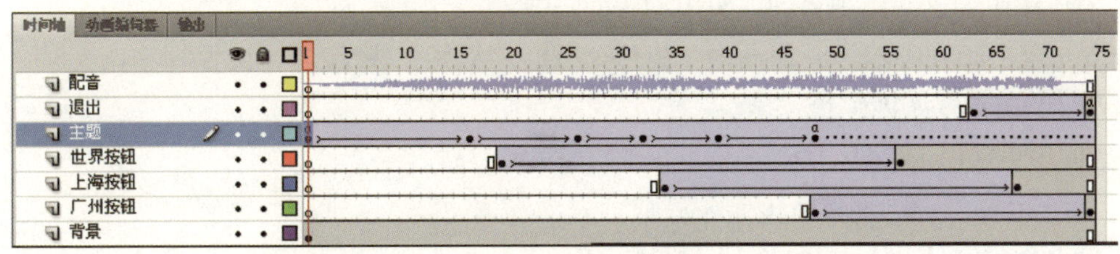

图 10-5　主界面“SL10-1.fla”的图层与时间轴

10. 2. 2 “上海世博场馆”影片的设计制作

“上海世博场馆”采用了遮罩层动画来实现逐张播放的动画效果。

第 1 步：新建文档并导入图片。新建文档存为“SL10-1sbjz.fla”；设置“文档属性”，舞台“尺寸”宽度设为“650”、高为“500”像素；将数张世博场馆图片导入在“图片”层的第 1 帧，分别点击导入的各张图片，将“属性”中的“图片大小”设置成同样高度，并首尾相连排列成一行，选中该帧，即选择全部图片，按Ctrl + G将所有场馆图片组合；

第 2 步：设置补间动画。选定第 1 帧，将图片组的第 1 张图片对准窗口正中位置，在第 15 帧添加关键帧，使第 1 张图片显示到 15 帧；在第 30 帧添加关键帧，并将图片组从右向左平行移动到第 2 张图片对准到窗口的正中位置，然后在第 15~30 帧中设置补间动画；在第 45 帧添加关键帧，以停留 15 帧显示第 2 张图片，以此类推完成所有图片的动画补间，其图层与时间轴如图 10-6 所示；

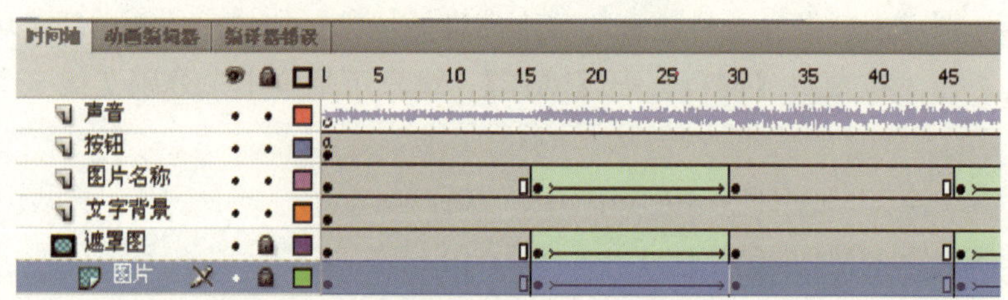

图 10-6 “上海世博场馆图片”图层与时间轴

第 3 步：建立遮罩层。添加图层后，绘制一个矩形，并利用选择工具将边框拉成碎圆弧状（图 10-8），由于图片的宽度不同，遮罩层也随图片大小变化，由补间动画过渡完成；

第 4 步：添加图片名称。图片名称由“文字背景”和“图片名称”两部分组成。“图片名称”随图片的不同而变化，因而需按两次Ctrl + B将“图片名称”中的文字分离，然后再对每张图片的文字设置补间形状；

第 5 步：添加按钮。工作区的右下角设置了“暂停”和“播放”按钮元件；“返回”和“再见”按钮直接以影片剪辑的形式呈现，以增添屏幕动画效果，点击“返回”按钮则返回到主界面“SL10-1.swf”中；

第 6 步：添加脚本。分别点击“暂停”、“播放”按钮，设置脚本：

```
on (release) {stop(); }
on (release) { play(); }
```

为“返回”影片剪辑元件添加脚本：

```
on (release) {loadMovie ("sl10-1.swf", 0); }
```

“再见”影片剪辑元件脚本与主界面相同，可直接复制；

“上海世博场馆”界面如图 10-7 所示；

第 7 步：配音。添加新的图层，更名为“声音”；使用下拉菜单【文件】→【导入到舞台】，打开“导入”对话框，选择合适的声音文件后，点击“打开”，将声音文件导入；选择“属性”面板“声音”中文件名称，并设置“同步”选项为“开始”，使得按下“暂停”按钮观看场馆图片时仍旧播放声音文件（若需要点击“暂停”后声音文件也停止，也可采用“数据流”同步方式）；

第 8 步：测试影片。按Ctrl + Enter键，预览与测试动画，建立“SL10-1sbjz.swf”文件；

图 10-7 “上海世博场馆”界面

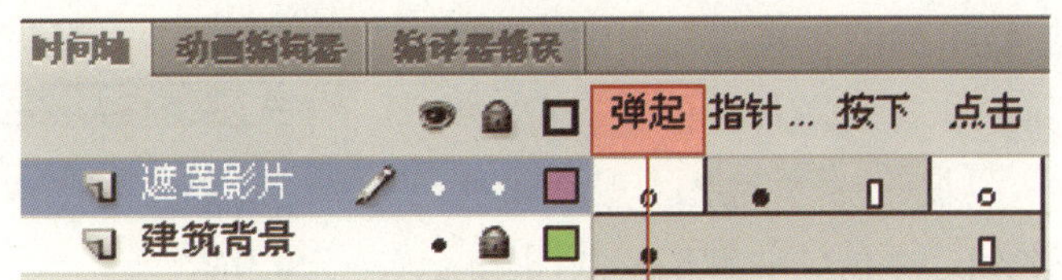

图 10-8 “建筑背景”按钮图层与时间轴

10.2.3 “世界奇特建筑”影片的设计制作

“世界奇特建筑”影片采用电子相册的制作方法。

第 1 步：设置背景与图片导入。在第 1 层绘制一个蓝色的背景图，并更名为“背景与按钮”；再新建图层，更名为“图片与说明”，将数张建筑图片依次导入到各帧中，并根据背景图设置好图片的尺寸和位置；

第 2 步：添加文字说明。在“图片与说明”层舞台的左下方分别输入“建筑背景”和“建筑特点”文字，并将其分别转换为按钮元件，对按钮进行编辑时，添加新的图层，在“指针经过”帧添加文字说明的遮罩影片元件，使得鼠标指针移到该文字上时，动态地显示该建筑相应的文字说明。此时“弹起”帧和“点击”帧应为空白帧，“建筑背景”时间轴如图 10-8 所示；

第 3 步：添加“建筑名称”图层。在每帧的图片上面输入对应建筑的名称；

第 4 步：设计按钮。在背景层添加两个箭头按钮，表示“上一张”、“下一张”，以回退到上一帧或进入下一帧，分别添加脚本为：

```
on (release) {prevFrame()；}
on (release) {nextFrame()；}
```

“返回”和“再见”按钮的设计和添加的脚本与“上海世博场馆”影片相同，其界面如图 10-9 所示；

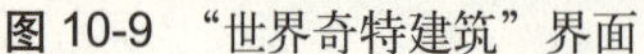

图 10-9 “世界奇特建筑”界面

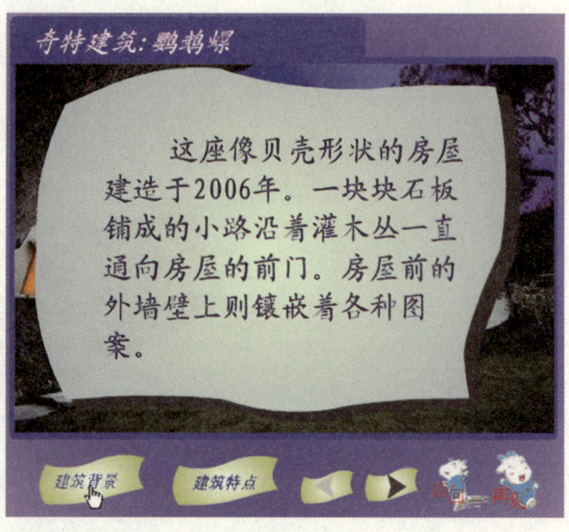

图 10-10 “鹦鹉螺”建筑背景界面

第 5 步：为每帧添加停止脚本。当进入该文件时，开始显示第一张建筑图片并停止运行，只有点击了“下一张”按钮后才能继续观看图片。因此必须对每帧添加“stop()；”脚本，其图层与时间轴如图 10-11 所示；

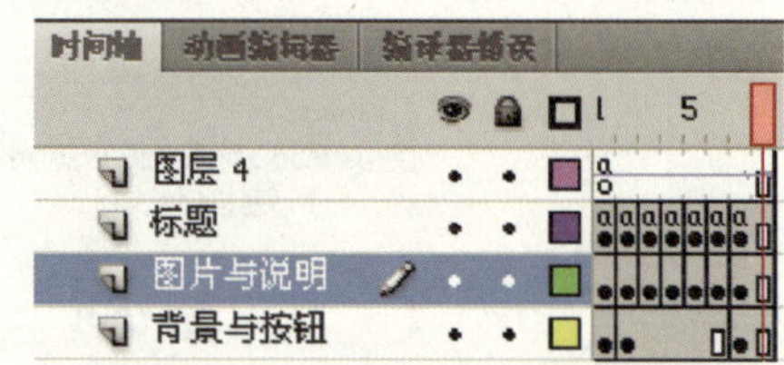

图 10-11 “世界奇特建筑”时间轴

第 6 步：保存并测试动画。保存名为“SL10-1qtjz.fla”的文件，按Ctrl+Enter键，预览并测试动画，以建立“SL10-1qtjz.swf”影片文件。

10. 2. 4 “广州亚运新建场馆”影片的设计制作

“广州亚运新建场馆”动画设计采用的是选择浏览方式。在第 1 帧舞台上排列着八张广州亚运新建场馆的缩略图片，点击小图片后，系统进入到第 2 ~ 9 帧中的相应帧观看对应的大图片及建筑说明。

第 1 步：图片导入及首页设计。八张运动场馆图片导入后，在第 1 帧同时放置八张新建场馆的缩略图片，并将每个图片都转换成按钮元件，当指针位于某张图片上时，页面上方的标题栏会显示出该场馆的名称，并同时出现亚运吉祥物乐羊羊的运动影片剪辑；当点击鼠标后，进入相应的大图片展示及其说明页面。图 10-12 为进入影片的主界面，当指针放在最后一张图片上时显示的界面如图 10-13 所示。“返回”和“再见”按钮的设计与“上海世博场馆”相同；

第 2 步：添加脚本。首页中八张新建场馆的缩略图片对应第 2 ~ 9 帧的大图片，为每张小图片添加脚本命令“gotoAndPlay()；”，当鼠标点击某张图片时，分别转入相应的关键帧中，以浏览大图片。如鼠标点击最后一张小图片时，进入页面如图 10-14 所示；

第 3 步：添加图片说明。进入浏览大图片关键帧，将该场馆名称文字转换为按钮元件，当鼠标指针放在场馆名称上时，图片上便出现该场馆的建筑说明，建筑说明由补间动画

图 10-12 “广州亚运新建场馆”主界面

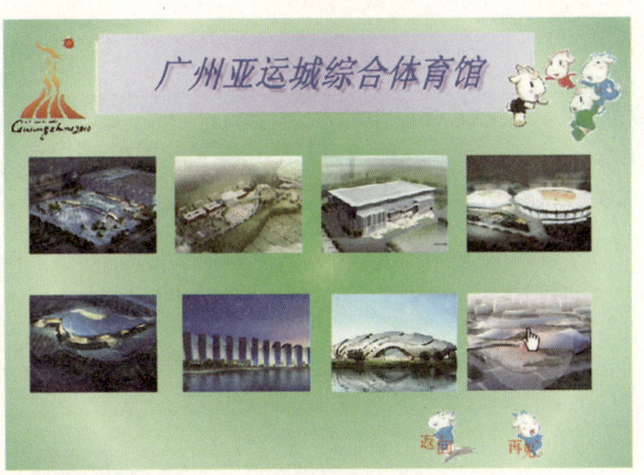

图 10-13 鼠标进入图片热区

图 10-14 浏览大图片

完成，因此需转换为影片剪辑元件放在按钮的“指针经过”帧中。图 10-15 为场馆名称的按钮图层与时间轴；图 10-16 为“广州亚运新建场馆”图层与时间轴；

第 4 步：为表明可移动鼠标指针到建筑场馆名称上会出现文字说明，特在场馆名称前添加了一颗星星闪烁的影片剪辑元件，如图 10-17 所示即鼠标指针进入“广州自行车轮滑极限运动中心轮滑场”所显示的文字说明界面；

第 5 步：添加“返回”按钮。在右下角增加一个返回首页的按钮 ，其脚本为：“gotoAndPlay(1)；”点击该按钮可转出退至“广州亚运新建场馆”的主界面；

第 6 步：保存并测试文件。保存名为“SL10-1yycg.fla”的文件；按Ctrl + Enter键，以预览并测试动画，建立“SL10-1yycg.swf”影片文件。

弹起
指针...
按下
点击
说明
场馆名称

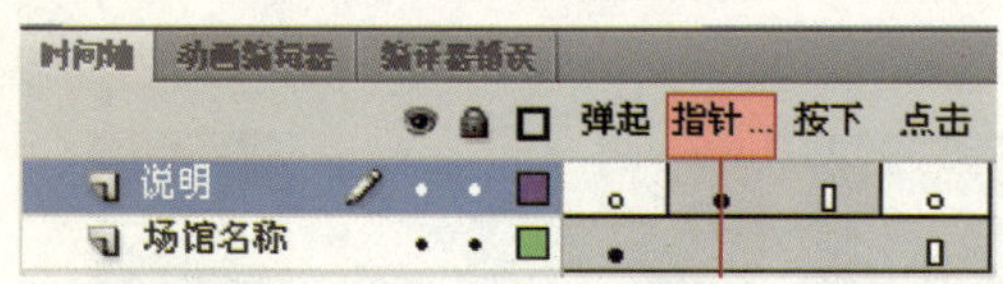

图 10-15　场馆名称按钮图层与时间轴

5
音乐
按钮
建筑名称
图片

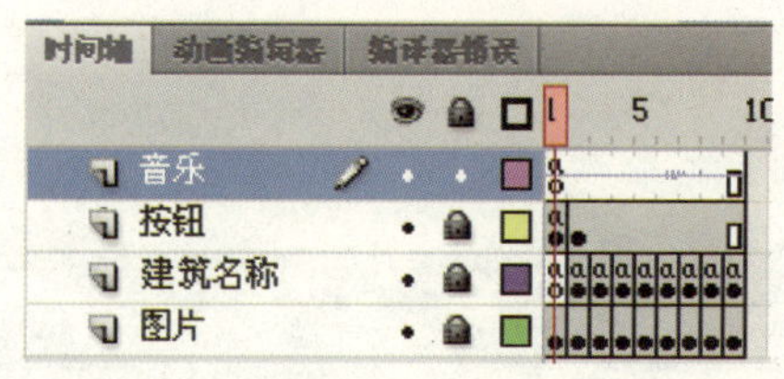

图 10-16　“广州亚运新建场馆”图层与时间轴

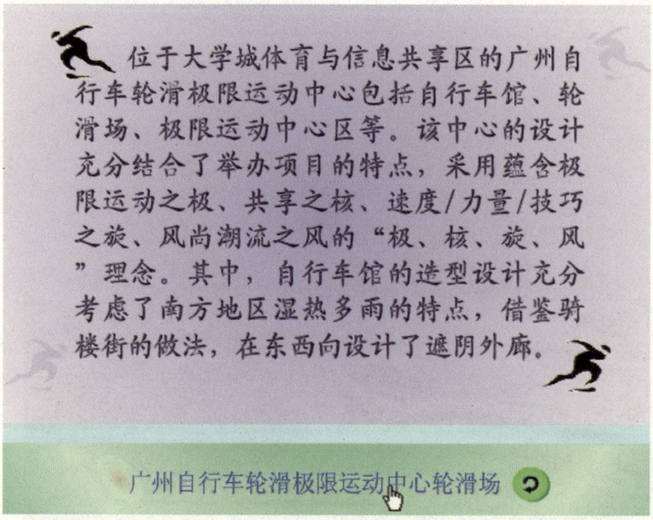

位于大学城体育与信息共享区的广州自行车轮滑极限运动中心包括自行车馆、轮滑场、极限运动中心区等。该中心的设计充分结合了举办项目的特点，采用蕴含极限运动之极、共享之核、速度/力量/技巧之旋、风尚潮流之风的“极、核、旋、风”理念。其中，自行车馆的造型设计充分考虑了南方地区湿热多雨的特点，借鉴骑楼街的做法，在东西向设计了遮阴外廊。
广州自行车轮滑极限运动中心轮滑场

图 10-17　“广州自行车轮滑极限运动中心轮滑场”说明

第 11 章 Flash 在影视作品中的应用 Chapter Eleven

时至今日，Flash 动画越来越广泛地应用于网络、电影、电视中。本章以商业影片儿童动画作品《雪人记》为例简单地介绍 Flash 动画在影视作品中的应用。

11.1 影视动画制作概述

大多数影视动画选材为非现实、科幻类，其制作过程包括故事的选材、前期脚本的创作、角色的设计、场景的编排、中期的制作、合成与配音、后期的测试与剪辑等，而 Flash 动画的设计与制作仅仅是其中的一小部分。显然，一部精美的影视动画片背后，往往是一个团队潜心设计与制作、呕心沥血的付出结果。

一般说来，用于电视媒体的动画短片的 Flash 文档属性“尺寸”应设为“1920×1080”像素，该尺寸适用于一般的电视、电脑显示屏，“帧频”的设置与电影制作一样为“24”fps。

传统的电影拍摄素材的片长与最终影片的长度比例高达 20∶1，而根据前期创作的剧本设计制作的 Flash 动画可供后期剪辑的素材余地不大，几乎是 1∶1。因此，需要 Flash 动画创作者在早期就对影片的整体叙事及镜头的把握尽量准确，包括完备的镜头脚本、既定的叙事方式以及每个场景之间的过渡。尽管利用 Flash 制作动画可以省去很多传统动画繁琐的制作过程，但是商业影视动画片的创作仍需花费相当多的人力和时间。

11.2 人物的设计

《雪人记》动画的图形绘制是通过连接电脑的手绘板来完成的。该作品选用了 Flash 工具栏中的扁形笔刷工具绘图，它易于表现人和物的整体效果，且较之其他工具更加遂意洒脱和灵动自由。显然，Flash CS4 与手绘板的结合使动画创作呈现出轻松愉悦和令人着迷的开发环境。

图 11-1 为人物设计的部分草稿：雪人的正面、侧面、背面以及走路的姿态；图 11-2 为松鼠的部分动作形态。

图 11-1　雪人的设计

图 11-2　松鼠形态的绘制

11.3　场景设计与过渡

Flash 影视动画制作通常以场景为制作单元。它通过多个场景的切换、衔接来实现既定的叙事。

《雪人记》第一场景：镜头聚焦在一片枯叶上。镜头追踪树叶的飘落，由此展开故事情节，如图 11-3 所示。

图 11-3　“场景 1”画面

《雪人记》中树叶的运动和报纸的运动均采用补间动画完成；背景中风元素的动画则是利用逐帧动画实现的，如图 11-4 所示。

图 11-4　风元素的制作

图 11-4 风元素是点击“编辑多个帧”以后看到的效果，逐帧播放时形成连贯的风运动轨迹，这样既交代了环境，又增加了舞台效果。

为了便于后续的编辑以及营造生动、活泼、多变的画面，每个场景一般只需制作 10 ~ 20 秒的动画（约 240 ~ 480 帧）。

“场景 1”制作完成后，选择下拉菜单【窗口】→【其他面板】→【场景】，弹出“场景”面板，单击左下角“添加场景”图标，即可添加另一个名为“场景 2”的新场景。

在“场景 2”中，树叶应该衔接“场景 1”的飘落趋势继续运动，因此将“场景 1”的树叶以及风所在的层中的最后一帧复制，并粘贴到“场景 2”的第 1 帧中，然后再开始制作“场景 2”的动画，这样可实现一个场景转到另一个场景的自然过渡。

“场景 2”镜头跟随落叶继续移动到一个新的环境中，引出了一只蜷缩在树杈上避寒的松鼠，“场景 2”以浅粉色为主要基调，表现出空旷的环境，烘托出冬日寒冷的氛围，如图 11-5 所示。

图 11-5　“场景 2”画面

此时，树叶在“场景 2”中作原地旋转运动，通过设置元件的“Alpha”值从透明度为“0”运动补间过渡到“100”，实现背景的环境渐变；同时树杈组成的图形元素从左到右运动，观众看到的是镜头跟随树叶在移动，树叶淡出舞台，镜头停留在松鼠身上。

打开“场景”面板，单击左下角图标“重制场景”，复制“场景 2”重命名为“场景 3”；进入“场景 3”，在最后一帧按F6键将该帧变为关键帧；随后删除前面的所有帧，继续展现松鼠后续的故事情节。这样的处理方式避免了因画面跳跃而产生的突兀，保证了“场景 2”到“场景 3”的平稳过渡。

11.4 镜头的艺术处理

影视中摄影机拍摄镜头的运动方式不单纯是表面上的移动。通过移动拍摄到的素材所呈现的画面也具有心理意义并体现既定的主题，其拍摄方式主要包括：摇镜头、推镜头、拉镜头、切镜头、移动镜头和静态镜头。镜头的处理在影视创作中非常重要，要善于运用镜头来展示故事情节，给观众一目了然的交代。为此，《雪人记》中用到了以下的拍摄方式。

11.4.1 静态镜头

静态镜头就是将镜头保持不动，而画面中的主体在运动。由于定格于某一画面，使观众的视线被迫聚焦在取景框的有限范围内。静态镜头可以忠实地记录与再现事件的发生过程，有着纪实的功用。

图 11-6 中的镜头停留在这一画面，而松鼠陪伴着雪人一起出现在屏幕的左下角，并行走向屏幕的右上方。这里雪人和松鼠的行走路径采用了引导层动画；而行走后在雪地上留下的脚印则采用了遮罩层动画实现。其播放效果表现为伴随着雪人和松鼠的行走脚印实时地出现在雪地上。

这种表达方式真实地反映出故事中的小雪人和小松鼠相依为伴、执意孤行、追求温暖的设计思想。

图 11-6 镜头定格，人物运动的画面

11.4.2 推镜头

推镜头是将摄影机放在移动车上，对着人物或景物向前缓慢推进所摄取的画面。摄影机逐渐接近被摄主体，起到引起关注、聚焦视线的效果。画面由整体到局部逐渐变化，此时观众视点前移，从而明了整体和局部之间的联系。

显然，推镜头是镜头由远而近，从大场景转换聚焦到场景中的某个点的一种表达形式。

当图 11-7 画面拉近到图 11-8 时，交代了雪房子周边的外部环境，将观众的视野从一个广袤的外部世界聚焦到画面中的一个点，为渲染雪孩子作了铺垫，这样处理易于抓住观众的心理，激发观看兴趣，增强影片的可视性。

图 11-7　推镜头：镜头在远处的画面

图 11-8　推镜头：镜头拉近的画面

11.4.3 切镜头

切镜头是影视剪接中的无技巧剪接，也叫切换，是镜头从一个场景，直接切换到另一个场景的处理方式。切镜头是影视剪辑用得最多的剪接方法。

如图 11-9 中雪人、松鼠和小鸟有一个对话。这个对话画面显然太小，在短短的时间里，也许观众会忽略其中的内容。而这段对话，又决定了后面故事的发展。于是，创作者运用了切镜头手法，把镜头直接转换到放大了的说话者的图像中去，如图 11-10 和图 11-11 所示。这样，不但很清楚地表达了谈话内容，而且可以看清说话者的面部表情。

图 11-9　切镜头——大场景：雪人、松鼠和小鸟对话

图 11-10　切镜头——小场景：小鸟说话

图 11-11　切镜头——小场景：雪人说话

在影视作品中灵活地运用镜头，多角度、多层次地表达故事，这样的作品才会深刻，令人过目不忘。但也要注意，切不可以滥用镜头转化，没有逻辑的切换，只能令观众一头雾水，造成叙事不清的后果。

关于影片镜头的处理还有多种，如拍摄角度的处理、光影与色彩的处理等，在此不再赘述。

11.5 《雪人记》部分截图

以下是一些《雪人记》的后续内容的部分截图。

图 11-12　雪人携松鼠乘飞机出游

图 11-13　影片的段落主题

图 11-14　幸福的雪人之家

图 11-15　快乐的松鼠一家

参 考 文 献

[1] 温谦 . 边用边学 flash 8 制作动画 . 北京：人民邮电出版社 . 2007.

[2] 宗思生 . 胡仁喜 熊慧等 . Flash CS4 入门与提高实例教程 . 北京：机械工业出版社 . 2009.

[3] 刘小伟 刘晓萍等 . Flash CS4 实用教程 . 北京：电子工业出版社 . 2009.

[4] 华信卓越 . Flash CS3 动画制作 . 北京：电子工业出版社 . 2008.

[5] 林纪河 祁玉芹 . Flash CS4 网络动画制作简明教程 . 北京：清华大学出版社 . 2009.

[6] 蒋晓冬 . Flash CS4 入门与进阶 . 北京：清华大学出版社 . 2010.

[7] 刘亚琦 昌超 刘津等 . Flash CS4 高手之路 . 北京：清华大学出版社 . 2010.